# 한국건설의 가치를 말하다

서울대학교 건설환경종합연구소 연구총서 01

# 한국건설의 가치를 말하다

초판 1쇄 발행 2015년 3월 25일
초판 2쇄 발행 2016년 3월 25일

**지은이** 이복남
**펴낸곳** 서울대학교출판문화원
**펴낸이** 성낙인

**책임 편집** 정미경
**디자인** 장혜원

출판등록 제15-3호

**주소** (08826) 서울 관악구 관악로 1
**대표전화** 02-880-5252 | 팩스 02-888-4148
**마케팅팀**(주문상담) 02-889-4424, 02-880-7995
**이메일** snubook@snu.ac.kr
**홈페이지** www.snupress.com

ISBN 978-89-521-1710-6 94500
978-89-521-1709-0 (세트)

서울대학교
건설환경종합연구소 연구총서 **01**

# 한국건설의 **가치를 말하다**

이복남 지음

서울대학교출판문화원

# 머리말

20세기 중반 이후 가장 큰 경제 발전을 이룩한 대표 국가로 한국을 자연스럽게 떠올린다. 1960년대 세계에서 가장 가난한 나라 중 하나로 꼽혔던 한국이 50년간 달성한 경제성장은 기적이라고 볼 수밖에 없다. 경제 기적만큼 한국건설도 무에서 유를 창조해왔다. 앞만 보고 달려왔던 한국건설은 이제 타 산업과 마찬가지로 새로운 길로 들어서야 할 시점이다.

건설은 하루 24시간 국민과 단 1초도 떨어져 살 수 없는 생활문화다. 비록 완성되지 못한 한반도지만 국토를 변화시켰고 주거문화를 바꿔놓았을 만큼 국민 생활 깊숙이 파고들었다. 경제 기적이 가능했던 것은 건설의 후방 지원이 있었기 때문이다. 압축성장 과정에서 후방 지원 역할에 충실했던 건설은 스스로 시장을 만들어가야 할 상황에 와 있다. 외부 의존에서 스스로 시장을 창출해가는 자립 경제로 탈바꿈해야 할 시기가 된 것이다.

그라운드 제로에서 출발했던 해외시장도 한국건설은 누구도 경험하지 못했던 가시적 성과물과 검증된 기술이라는 내재적 가치를 활용했기 때문에 가능했다. 전 세계 시장에서 비중이 2% 미만인 내수시장에서 98%인 글로벌 시장으로 눈을 돌려야 할 시기에 건설이 가야 할 길을 짚어보고자 이 책을 썼다. 가야 할 길이 보이지만 극복해야 할 장벽도 존재하고 있는 게 현실이다.

부정적인 인식에도 불구하고 한국건설은 여기까지 잘 왔다. 부정적인 시각이 존재하지만 건설은 국가나 국민이 포기할 수 없는 산업이라는 1995년 미국 대통령직속기구의 연구 결과와 맥을 같이한다. 이 글은 한국건설의 내재적 가치를 상품화해 경제성장의 견인차 역할을 전 세계로 확대시키는 노력을 촉구하기 위해 긍정적인 시각으로 한국건설의 가치를 진단했다. 다소 구호처럼 들릴 수 있는 '한국건설의 가치를 말하다'를 이 책의 제목으로 내세운 이유다.

9·11사태 이후 미국 국토안보부(Department Homeland Security, DHS)는 테러로부터 국민과 국토를 보호하기 위해서는 '뭔가를 봤으면 말하라'는 국가 슬로건을 내세웠다. 10년이 지난 2011년과 2012년 잇달아 국민과 경제를 위협하는 존재로 국토의 노후화와 낙후된 국가기반시설을 지목했다. 미국을 대표하는 작가(Thomas Friedman)와 싱크탱크(Heritage & Brookings)의 잇단 경고도 있었다. 미국 경제의 리더십 확보를 위해서는 국가 인프라 강국 건설을 주장했다.

한국건설의 과거와 현재를 진단하고 미래를 설계하기 위해서 반드시 짚고넘어가야 할 질문이 있다. 과거에 화려했던 한국건설이 앞으로도 국민경제의 한 축으로 자리하기 위해서는 모범적인 답도 내놓아야 한다. 서울대학교 건설환경종합연구소는 한국건설의 미래 모습을 만들어가기 위한 모범 답안을 내놓기 전에 스스로에게 질문을 던졌다. 먼저, 질문에 대해 답을 준비하는 도입 단계에서 한국건설의 과거와 현재를 진단했다.

한국의 건설, 이대로 괜찮은가?

2015년 3월

이복남

# 차례

프롤로그

# 한국건설의 과거와 현재, 그리고 미래

## 경제성장의 든든한 디딤돌 역할을 했던 한국건설

한국 경제의 오늘은 어느 국가도 경험하지 못했을 정도의 기적으로 불린다. 1950년대 세계 최빈국 서열 꼴찌에서 두 번째(1970년 GDP 2조 7,948억 원)가 2012년 말 기준 1,377조 원으로 471배 성장하여 규모면에서 세계 15위 안에 진입했다. 1차 대전 이후 인구 5천만 명, 국민개인소득 2만 달러(50-20클럽)를 달성한 국가는 한국이 유일하며, 이 기록은 당분간 깨지기 힘들 것으로 예측되고 있는 정도다.

압축경제 성장을 가능하게 만들었던 배후에는 막대한 물량의 국가기반시설(전력 및 에너지, 도시와 주택, 도로와 항만 등)을 공급했던 한국건설이 있었다. 한국건설은 국내시장을 넘어 자원이 없는 한국 경제가 살기 위해서는 달러가 절대적으로 필요할 때 해외시장을 통해 막대한 외화를 충당하여 경제성장 여력을 견인했다. 국민경제에서 한국건설이 외국과 비교하여 상대적으로 높은 비중을 차지했던 이유이기도 하다.

## 화려했던 지난날의 공적에 매몰된 한국건설

과거 공을 생각하면 현재 우리 건설은 국민과 국가로부터 당연히 1등 공신으로 대접받아야 마땅하나 현실은 이와는 정반대다. 내수시장은 경제개발협력기구(OECD) 가입국 중 국가기반시설 보유량(stock)이 평균값에도 미치지 못함에도 불구하고 국가재정은 복지로 쏠리고 있다. 공공 공사에서 품셈에* 50%가 거품이라는 일부 시민단체의 주장과 4대강 담합으로 대기업 임원 대부분은 범법자가 되었다. 2013년도 내수시장에서 상장 건설업체들의 수익으로는 빌린 이자를 감당하기조차 힘든 상황이다. 일방적인 주장과 경영 현실 사이에 극단적인 차이가 있음에도 불구하고 제대로 반박하는 개인이나 기관은 보이지 않는다. '아니면 말고' 식의 일방적 주장이 국민으로부터 더 힘을 얻고 있다는 사실은 과거에 세운 공헌과 관습 및 전통에만 매몰되어 있는 한국건설의 문제점이 아닌지 반성할 필요가 있다.

---

* 품셈(quantity per unit)은 건축의 각 부분 공사에서 단위당 자원 투입량으로, 예를 들면 단위 면적당 표준 노무량, 표준 자재량이나 단위 자재량당 표준 노무량을 말한다.

## 미래에서 돌파구를 찾을 때

한국건설에 내재된 문제점 해결 없이는 지금의 난국을 극복할 가능성은 희박하다. 인구구조의 고령화, 빈곤 노인층의 증가, 소득 향상으로 높아진 국민의 복지 수요 등은 한정된 국가재원을 자연스럽게 복지 중심으로 눈을 돌리지 않을 수 없게 만들었다. 건설이 아무리 친서민 복지라 주장해도 일부 시민단체와 국민은 이러한 주장이 건설을 위한 먹거리 주장일 뿐이라 일축한다. 복지 수요는 소득 5만 달러 이상인 선진국의 눈높이에 맞춰져 있지만 국민이 부담해야 할 세금은 1만 달러 이하인 신흥국의 눈높이에 머물러 있다. 거시적으로 후손들이 갚아야 할 빚을 지금세대가 분담해야 한다는 목소리는 당장의 표를 의식하는 정치권이나 여론 주도층에 묻혀버린다. 현재 수요자가 부담해야 할 국가기반시설 사용료를 후손들에게 짐을 지우는 세금 부담으로 전가시켜버렸다.

부족한 국가기반시설 확충을 위해서는 과거에 그랬던 것처럼 막대한 국가재정이 투입되어야 한다. 그런데 현실은 정부의 재정여력은 2008년을 기점으로 이미 소진되어버렸다. 재정건전성 정책을 포기하지 않는 한 공공재정으로 내수시장을 살릴 수 있는 기대는 전혀 불가능하게 되어버렸다. 세입을 늘리기 위한 세율 인상은 선거의 벽에 막혀 지금으로서는 기대하기조차 어려운 상황이다. 국가기반시설 사용료를 수요자 부담 원칙으로 돌려놓을 정치적 리더십도 기대하기 어려운 게 우리의 현실이다.

## 건설의 가치 재인식

『미국 쇠망론(*That Used To Be US*)』을 발간한 토머스 프리드먼(Thomas Friedman)은 미국 경제가 쇠퇴한 근본 원인이 국가기반시설에 투자를 기피했기 때문이라 주장한다. 세계적인 싱크탱크인 헤리티지 재단은 미국민의 생명과 재산을 위협하는 최대의 적은 9 · 11사태와 같은 외부 테러집단이 아닌 부실해져버린 국가기반시설이라 주장한다. 그런가 하면 세계적인 컨설팅기관인 맥킨지(McKinsey)는 세계 경제가 지속적으로 성장하기 위해서는 2030년까지 57조 달러가 필요하다는 보고서를 2013년 말에 발표했다. 국가가 존재하는 한 기반시설과 건설은 포기가 불가능하다는 결론을 내린 것이 1995년 클린턴 대통령 직속의 국가과학기술위원회(National Science and Technology Concil, NSTC) 산하 토목 · 건축분과위원회였다. 건설은 국민과 국가를 위해 존재하는 것이지 건설산업을 위해 존재하지 않는다는 사실을 명확히 한 것이다. 한국건설경제의 회복과 새 출발의 가능성은 여기서부터 출발해야 한다. 과거의 연장선이 아닌 미래의 새로운 길에서 찾아야 한다.

## 과거 향수와 공헌만으로는 미래를 만들어갈 수 없다

국민에게 비쳐지는 부정적인 이미지에도 불구하고 한국건설은 여기까지 잘 왔다. 건설이 압축경제 발전시대에 헌신적인 후방지원 역할을 통해 국민경제 성장에 기여한 공로는 어떤 나라보다 컸다.

그럼에도 3불(不)산업으로 비쳐질 만큼 국민에게는 과거의 공적보다는 현재 모습이 더 부각되어 있다. 과거 공에 매몰되기보다 한국건설의 가치를 재창조하기 위해서는 4관(관습 · 관행 · 관존 · 관료)의 허들을 넘어서야 한다. 미래로 가기 위해서는 전혀 다른 프레임의 접근방식이 필요하다. 건설시장과 한국 경제는 이미 내수시장에서만 생존하기에는 너무 성장해버렸기 때문이다.

### 건설 상품과 시장의 패러다임 변화를 제대로 인식하자

시장을 만들어내는 것은 투자다. 한국건설을 재창조하기 위해서는 공공재정이 아닌 민간자본이 될 수밖에 없음을 인식해야 한다. 민간자본은 공공재정과 달리 소품종· 대량 생산 방식을 기피한다. 다품종· 소량 생산에 민간자본이 몰린다. 대규모 주택공급보다 소규모 주택공급을 선호한다. 분당· 일산과 같은 대규모 신도시개발보다 도시 내 한정된 지구단위 블럭 개발을 더 선호한다. 시속 30km 고속도로보다 100km 고속도로 건설을 선호한다. 잠시 쉬어가는 고속도로 휴게소보다 휴게소 자체를 목적지로 만드는 상품에 민간자본이 몰린다. 지가가 높은 땅에 명품을 건설하기보다 버려진 땅에 명품을 건설하여 지가를 높이는 복합개발 상품에 민간자본이 눈길을 준다. 보편화되어 있는 전통적인 건설 상품을 반복적으로 대량 건설할 수 있었던 시대가 지났음을 인식하면 새로운 길이 보인다.

### 미래 생존의 길은 새로운 시장과 상품 창조에서 답을 찾자

투자자가 스스로 명품을 개발하기는 어렵다. 투자가치를 높일 수 있는 상품 개발은 건설의 몫이다. 주택이나 도로 등 전통적인 건설 상품은 '선 수요·후 공급' 원칙이 작용한다. 그러나 민간자본이 눈길을 주는 건설 명품은 '선 공급·후 수요'가 대세다. 공급이 새로운 수요를 창출한다는 의미다. 상주인구가 급속도로 줄기 시작했던 스페인의 빌바오 시가 20배에 달하는 유동인구를 끌어들이는 관광도시로 변신했다. 탄광도시에서 명품 관광도시로 탈바꿈시킨 것은 뉴욕의 구겐하임박물관을 벤치마킹한 명품미술관 건설이 결정적인 역할을 했다. 예약이 불가능할 정도로 관광객이 몰리는 일본 도쿄의 변두리에 세워진 높이 632m의 스카이트리는 버려진 자투리땅에 건설된 건설 상품이다. 공급이 지역의 새로운 먹거리 수요를 창출해낸 대표적인 사례다. 이탈리아 상공회의소가 2011년에 파리 에펠탑의 경제적 가치를 617조 원으로 평가한 것도 공급이 수요를 창출한 좋은 예다.

### 한국건설의 가치를 말하다

한국건설에 내재된 가치는 통일한반도는 물론 무한대인 세계시장에서 경제 영토를 확장시키는 데 세계 어느 나라도 갖지 못한 상품성이 있다. 한국식·전통적이라는 고정관념으로는 한국건설 스스로의 생존 불가는 물론 국민경제와 국민 개인의 재산과 건강에

심각한 손실을 야기할 뿐이다. 1990년대 영국의 건설재인식 운동이나 미국의 국가건설 목표와 같은 국가와 산업 차원의 가치 재인식 운동을 펼쳐야 할 때다. 한국건설은 외부 의존형에서 벗어나야 한다. '선 수요·후 공급'에서 '선 공급·후 수요 창출'이라는 스스로 자립하는 틀로 역할을 확대해가야 한다. 한국건설은 그만한 가치를 충분히 확보하고 있기 때문이다.

# 1

# 국민의
# 의·식·주와 함께 움직이는
# 건설

건설은 인간 삶의 일부이며,
이것은 건설이
'시민공학(Civil Engineering)'으로 불리는 이유다.

# 국민의 일상생활에 시작과 끝을 같이하는 건설

생활 속 건설 단어는 다양한 용어로 사용되고 있다. '건설적인 생각'이라는 의미에서부터 '건설은 곧 시공 현장'으로 이해되기도 한다. 그런가 하면 '건설'이라는 단어가 마치 남성들만의 직업으로 비쳐지는가 하면 왠지 힘들고(D, difficult), 위험하고(D, dangerous), 더러운(D, dirty) 3D직업으로 오해받기도 한다. 2005년에 건설문화원이 조사한 국민대상 설문조사에 따르면 건설에 대한 부정적인 인식이 51%로 나타났다. 평균적인 국민들의 건설에 대한 이미지는 건설에서 생산한 건물이나 교량 등 상품에 의해 좌우되기 때문에 시각적 디자인의 중요성도 가볍게 볼 수 없는 것도 건설이다.

국내 어느 건축대학 교수가 2002년에 우리나라 도시민(인구의 91% 이상이 도시에 거주)의 하루 24시간에 대해 재미있는 통계 조사를 발표한 적이 있다. 24시간 중 19시간은 실내 공간에서 보낸다고 한다. 집이나 학교, 사무실, 도서관이나 공장 등 폐쇄된 실내 공간은 대부분 건축과 건설에 의해 생산된 상품들이다. 우리나라에서 가장 넓은 실내 공간이면서 일일 최대 유동인구를 가진 게 인천국제공항이다. 2001년 3월에 개항된 공항은 세계 공항 역사에서 9년 연속 국제 최우수 공항으로 평가받은 유일한 국제공항일 정도로 한국이 내세울 수 있는 실내와 옥외 공간의 자랑이다. 앞으로도 세계 제일의 공항으로 평가받을 만큼 우수하기 때문에 최우수 국제공항 상을 아예 없애야 한다는 국제공항 당국들의 시기성 협박을 받을 정도다.

19시간을 뺀 5시간은 옥외에서 보낸다. 옥외 활동의 상당부문이 버스나 지하철, 승용차, 도보 등 목적지를 오가는 이동에 시간을 빼앗기고 있다. 교통시설은 국가나 도시의 기반시설이다. 기반시설 역시 토목기술이 중심이 된 건설에 의해 생산된 상품이다. 그런데 우리나라 국민들이 가야 할 곳에 제때 도착하지 못함으로 인해 낭비되는 교통혼잡 비용이 연간 약 27조 원(국토교통부, 2012)이나 된다. 이를 경제활동 인구 1인당 경제활동 손실 비용으로 따지면, 연간 도로에서 낭비되는 비용만 백만 원대에 접근하는 큰 금액이 산출된다. 경제활동에 건설이 얼마나 큰 영향을 미칠 수 있는지를 알 수 있다.

사람이 살아가기 위해서는 반드시 필요한 3대 요소가 의(衣)·식(食)·주(住)다. 사람은 자신의 몸을 보호하거나 치장하기 위해 옷(衣)을 입어야 하고, 움직일 수 있는 에너지를 축적하기 위해 먹어야(食) 하며, 수면이나 휴식을 위한 공간(住)이 필요하다. 옷을 생산하기 위해서는 원료 생산 및 가공 공장이 필요하고, 음식의 식재료는 가공된 농업기반인 논과 밭이 있어야 생산이 가능하다. 논밭에서 식재료를 생산하기 위해서는 물이 필요한데 이를 공급하기 위해서는 용수로와 물을 저장하는 저수지 혹은 댐이 필요하다. 공장과 용수로 및 저수댐은 건설이 생산하는 대표적인 생활기반시설이다. 집도 당연히 건설에 의해 생산된다. 이렇듯 건설은 일반 국민의 삶속에 녹아들어 있으면서도 제대로 인식하지 못하는 것은 공기 중 산소와 같다. 산소가 없으면 사람이 살 수 없듯 건설이 없으면 국민들이 머물 수 있는 공간이 없어지는 것과 같다. 생활과 생명에 건설과 산소가 필수조건임에도 제대로 가치를 인정받지 못한다는 점에서는 공통적이다.

건설에서 생산 및 공급하는 상품과 기술이 국민생활과 경제에 어떤 영향을 미치는지를 알아보는 것이 건설의 가치를 이해하는 지름길이다.

# 국민생활 속에
# 살아 움직이는 건설

건설이라는 생산 활동을 통해 생산되는 국민생활 3대 요소와 관련된 대표 상품 세 종류를 생각해본다. 건설 상품이 어떤 성격을 가지고 있으며 국민들의 생활에 어떻게 영향을 미치고 있는지를 알아보면 건설이 곧 생활이라는 사실을 깨닫게 된다. 선진국에서 건설을 흔히 '시민 공학(civil engineering)'으로 부르는 것도 인간 삶의 일부이기 때문이다. 1961년 제1차 경제개발5개년계획이 수립되기 직전에 도시화율은 17%에 불과했다. 국토교통부 통계에 따르면 2013년 말 기준 약 92%에 이르렀다. 국민 100명 중 92명이 도시에 살고 있다는 뜻이다. 도시가 건설이 생산한 상품 중 국민들의 일상생활에 가장 큰 영향을 미쳤다고 볼 수 있다.

**의(衣): 의류산업은 건설의 힘을 빌려 생산과 유통 기반을 구축**

오늘날 지구에는 약 72억 명의 인구가 살고 있다. 72억 명은 옷을 입는다. 옷은 베틀과 바늘로 제작 및 가공했던 옛날과 달리 공장에서 대량 생산을 통해 공급하는 세상으로 바뀌었다. 공장은 우선 땅과 기계, 그리고 동력원인 전기가 공급되어야 가동된다. 땅은 건설에 의해 가공된다. 즉, 높낮이를 맞춘 땅과 공장이 가동하는 데 필요한 용수 공급과 하수처리시설, 사람들이 근무할 수 있는 공간 등 기반시설을 건설이 생산해낸다. 공장을 돌리기 위해서는 전력공급시설이 완비되어야 한다. 전력 생산 및 공급이 가능한 발전소와 변전소 등 전력기반시설도 건설의 힘으로 구축된다.

한국은 의류생산 부문에 특별한 경쟁력을 갖고 있었다. 대구는 예로부터 섬유도시, 구미는 섬유의 원료생산단지, 그리고 부산은 신발생산단지로 한때 세계에 알려진 최고의 생산기지였다. 현재도 중동국가 상류층 여성들이 가장 선호하는 속옷의 원단은 국내 공장에서 생산되고 있다. 대부분 국민들은 옷의 디자인과 색상, 브랜드에는 관심이 있어도 생산 공장과 기반시설 등에는 관심이 적은 것이 사실이다. 당장에 눈에 보이지 않는 탓도 있다. 옷을 만들기 위한 원료 생산, 원료를 가공하는 공장, 옷 생산 공장, 판매장까지의 수송로 개설 등, 건설은 삶의 3대 요소와 절대적인 관계를 가지고 있다. 건설이라는 생산 활동 없이는 공장 자체가 완공될 수 없기 때문이다.

공장에서 생산된 의류가 소비자에게 전달되는 과정에도 건설의 배후지원 역할이 가동된다. 유통로인 육로·항만·항공 등 땅과 바다, 그리고 하늘의 길을 건설한다. 의류가 최종 소비자에게 전달되는 과정, 즉 매장 공간인 백화점이나 가게 등도 건설에 의해 확보된다.

**식(食): 천수답을 식재료 생산거점으로 변화시킨 농업지원 기반시설**

한반도는 지형적 특성으로 산지가 전체 면적의 70%를 차지할 만큼 활용 가능한 평지는 30%에 불과하다. 인구가 적다면 별다른 노력 없이도 먹고 살기 위한 곡식 재배가 가능한 땅이 얼마든지 있다. 100% 자연에 의존하는 천수답도 가능하다. 하지만 도시화율이 92%를 넘고 도시의 인구밀도가 지구촌에서 가장 높은 국가에 속하는 우리로서는 상상할 수 없는 꿈속의 환상일 뿐이다.

천수답을 전천후 영농단지로 바꾸는 것은 생존하기 위한 농업경제다. 사람이 물 없이 살 수 있는 기간은 고작 4일밖에 되지 않는다고 한다. 농작물 역시 절대적으로 물을 필요로 한다. 우리가 생활용수로 사용하는 물은 거의 100% 빗물을 모은 대규모 댐이나 저수지로부터 공급 받는다. 농업용수도 댐과 저수지 등에서 공급받는다. 우리나라 최초로 건설된 다목적댐(생활용수, 농업용수, 공업용수, 발전소 등)은 1965년에 완공된 섬진강 댐이다. 국내 최대 곡창지대 중 하나인 김제평야에 연간 3억 5천만 톤(1L 생수통으로 3,500억 개 해당)의 농업용수를 공급한다. 우리나라 농업은 기계화된 지 오래다. 모심기에서부터 수확까지 농작기계와 운반트럭, 농부의 찬을 운반하는 데 필요한 농업도로, 용수 공급을 위한 수로 등도 건설에 의해 생산된 교통 상품이다.

현재, 땅을 기반으로 한 농사는 대표적인 수평 경지 산업이다. 그러나 가까운 시기에 수평공간을 수직공간화시키는 수직농장이 도심에 들어서게 될 것으로 예측되기도 한다. 하루 24시간, 1년 365일 농사를 지을 수 있는 수직농장 건물이 등장한다는 의미다. 이는 계절작물이라는 농작물이 사라지게 됨을 예고한다. 도심지 혹은 근교에 수직농장의 등장은 냉장고의 채소저장고를 없애게 될 것으로 예상된다. 저녁에 주문하면 다음 날 아침에 집으로 바로 배달이 일상화될 수 있기 때문이다. 농업도 건설에 의해 생산된 기반시설에 의해 전천후 24시간 농업경제로 국민의 일상생활에 큰 영향을 미치게 될 것으로 보인다.

## 주(主): 주거문화를 근본적으로 변화시킨 공동주택 건설

인간이 배고픈 문제를 해결하고 나면 다음 단계로 찾게 되는 것이 편안한 주거와 휴식 공간이다. 인간 삶에서 가장 많은 시간을 보내는 것이 주거공간이다. 주거공간은 건설에서 생산하는 가장 많은 상품이면서 가장 비중이 높기도 하다. 우리 역사에서 주택 수가 총가구 수를 최초로 넘어선 게 2003년이었다. 그만큼 우리 국민에게 주택은 주거공간이자 자산 목록 제1호이기도 하다. 우리나라 주택 수의 60% 이상이 아파트로 대변되는 공동주택이다. 공동주택이 들어서기 전에는 초가집과 기와집이 대세였다. 1970년도부터 시작된 새마을운동은 농촌에 있는 초가지붕을 슬레이트로 교체하는 것이 큰 흐름이었다. 짚을 슬레이트로 교체함으로써 농민의 경제활동과 여가시간을 늘려주겠다는 것이 핵심 목적이었다.

우리나라에 처음 등장한 대규모 단지 아파트는 1962년에 완공된 6층 높이 6개 동인 마포아파트다. 지금은 철거되었지만 당시만 해도 집안에 수세식 화장실이 있었고 난방과 온수 공급은 연탄보일러 방식이었다. 당시 기술로는 6층 이상 올라가기 어려웠을 것이라는 판단이다. 현재는 69층 아파트까지 등장했다. 기술적인 한계 때문이 아니라 수요가 많은 경우 100층 아파트까지 공급 가능한 기술 단계까지 와 있는 게 우리나라 주택건설 기술의 현주소다. 국내 한 기업이 이라크 신도시에 공급하는 아파트 10만 가구도 우리나라 주택건설 기술의 수준을 단적으로 보여줄 수 있는 부문이다. 개별주택이 공동주택으로 탈바꿈되면서 동네 마당은 사라졌지만, 대신 공동주택 내 상가와 식당, 학교와 도서관, 운동시설 등 각종 생활편익과 교육·문화시설이 들어서서 동네가 아닌 단지 내 24시간 머물 수 있는 생활공간이 마련된 것이다. 과거 동네 마을의 이웃이 단지 이웃으로 바뀐 것이다.

1960년대 이전의 한국의 건설기술은 2층 이상 집을 짓기도 어려울 정도로 낮은 수준이었다. 1963년에 준공된 장충체육관과 광화문에 있는 미국대사관이 필리핀 기술에 의해 설계 및 감독되었을 정도로 낮았다. 현재는 세계 최고층 건축물은 물론 세계 10대

최고층 건축물 시공을 한국건설이 도맡아 할 정도로 높은 수준에 와 있다. 건축기술이 발달하면서 수평도시가 수직화로 압축시키는 아파트 주거 문화를 주도한 것이다. 이 기술로 수평도시에서 수직도시 건설이 가능해지면서 집 지을 땅 수평면을 약 215㎢를 줄이는 효과를 본 것이다. 금액으로는 538조 원에 해당될 만큼 어마어마한 돈이 국가경제에 보탬이 되는 효과를 보게 한 것이다.

# 국민의 생활경제 환경을 변화시킨 건설기술

## 부정적 이미지를 뛰어넘는 건설의 가치

건설문화원이 2005년에 조사한 일반국민 대상 설문조사에 따르면 2명 중 1명이 건설에 부정적인 인식을 가진 것으로 조사되었다. 건설 이미지에 가장 큰 영향을 미치는 부문은 건설을 통해 생산된 교량이나 건물, 아파트 등 완성공사의 목적물이라고 지적했다. '88년 올림픽 이후 해외여행객이 늘어나면서 국민들은 한국 내 랜드마크성 건설 상품에 대한 인식이 달라지기 시작했다. 즉, 과거에는 63빌딩을 한국을 대표하는 상품으로 생각했던 것이 해외 각지에서 본 상품과 비교하기 시작한 것이다. 결과는 국내에 사람을 끌어들일 수 있는 랜드마크성 상품이 없다는 것이다. 2010년 국내 한 잡지사 조사에 따르면 우리 국민들은 한국을 대표하는 랜드마크 100가지로 대부분 건설 상품을 지목했다. 그러나 어느 것도 해외 유명 상품과는 비교하지 못할 정도라는 게 기본적인 인식이다.

사람들은 프랑스 파리를 생각하면 당연히 에펠탑이나 상젤리

제 거리를 떠올린다. 미국 대도시에는 반드시 한 가지 이상의 대표적인 구조물이 있다. 시카고의 고층빌딩, 샌프란시스코의 금문교, 뉴욕의 엠파이어스테이트빌딩 등이다. 스페인 하면 가우디성당을, 이집트의 피라미드, 오스트레일리아의 시드니오페라하우스 등을 자연스럽게 연상한다. 전 세계 관광객들이 여행하고자 하는 목적지를 선택할 때 60% 이상이 랜드마크성 건설 상품에 의해 좌우된다고 한다. 중국에 딱 한 번만 갈 수 있다면 국민의 대부분이 만리장성을 지적하듯 건설 상품은 시간이 흐를수록 관광문화 상품으로서의 가치가 더해지는 특성이 있다. 최근에 싱가포르가 완공한 마리나 샌즈베이리조트 단지도 랜드마크 상품으로 연간 1,700만 명의 관광객을 끌어들이고자 하는 국가전략이었다는 점은 건설이 국민 삶에 어떤 가치를 제공하고 있는지를 단적으로 보여준다. 한 국가에서 건설이 차지하는 국민경제 비중은 5~25%까지 다양하다. 한국 경제에서 건설이 차지했던 비중이 23.9%(1990년대)를 넘길 때도 있었다. 지금도 국내총생산액(GDP) 대비 투자비에서 13% 내외로 여전히 국민경제 비중이 높은 편이다. 이를 뒤집어보면 국민총생산액을 1조 달러로 계산하면 건설 부문에서 십분의 일의 차질만 생겨도 100억 달러(약 10조 원) 상당의 손실이 발생할 수 있다는 의미다.

## 가족 문화를 바꾼 주택의 변화

전통가옥이 3~4대가 함께 거주하는 가족 문화가 기반이었다면 아파트나 전원주택, 혹은 도시주택 등은 한국의 가족 문화를 근본적으로 변화시켰다. 소득수준이나 인구구조, 도시화 등 복합적인 영향이 가족 문화에 상당한 영향을 미친 게 사실이다. 건설 상품은 '선 주문, 후 생산' 방식에 의해 생산되는 특징을 전제로 한다면 외부 환경변화가 주택 구조를 변화시켰다고 말할 수 있다. 하지만 반대로 공동주택이 60%에 이른 우리나라의 주택 구조가 동일 주택에 거주하는 세대에 상대적인 영향을 미쳤다는 사실 또한 부정하기 어렵다. 다시 말해, 국내 공동주택의 세대당 평균 면적이 75㎡(22.7평)라는 것과, 정부가 권장하는 국민주택 규모가 85㎡(25.7평)라는 사실이 3대가 함께 살기에 불편하거나 어렵게 만들었다.

단독주택이든 공동주택이든 거주공간이 근대화되면서 국민의 일상생활 자체가 실내 공간생활로 변한 것도 보이지 않는 큰 변화다. 1960년대 전만 해도 생활용수는 우물, 화장실은 당연히 가능한 한 멀리, 그리고 부엌도 가장 끝머리, 대청마루를 보고 부모와 자녀가 방을 나눠 가졌다. 빨래는 개울가로 가져가야 하며, 김치와 장은 앞마당 장독대에 있는 게 당연했다. 더구나 집 안에서의 문화생활은 상상하기도 힘들었다. 지금은 이런 것들이 모두 75㎡ 공간에서 이뤄진다. 부엌과 세탁, 화장실, TV 안방극장 등이 불과 몇 발자국 안에서 이뤄진다. 그만큼 국민의 일상생활에서 시간적 여

유를 가질 수 있도록 만든 것이다.

### 사람 사이의 간격과 공간을 좁힌 도로와 철도

도로와 철도 등 육상 교통체계가 국민생활에 가장 크게 미친 영향은 인구와 산업의 분산으로 직장과 학교, 그리고 주거지가 다른 곳에 위치할 수 있게 만들어 국토 공간 활용을 넓어지게 만들었다. 정착민이라는 용어나 고향이라는 용어 자체가 지금은 낯설게 들린다. 국민경제의 70%가 경부 축을 따라 움직인다. 만약 경부고속도로나 철도가 없었다는 가정을 해보자. 과거시험을 보기 위해 도보로 한양까지 쉬지 않고 간다고 해도 15일 이상이 소요되었다고 한다. 2012년 런던올림픽의 마라톤 우승자가 경부고속도로를 계속 달린다는 억측을 전제로 해도 약 22시간이 소요된다. 국민의 평균 보행 속도인 3km로 간다고 하면 꼬박 6일이 걸리는 셈이다.

경부고속도로를 이용하는 차량은 승용차 기준으로 하루 8만 내나. 승용차로 서울-부산 간 평균 소요시간이 5시간 정도로 계산해도 도보로 가는 데 소요되는 144시간(6일)을 3.5%로 줄인 것이다. 운전자 8만 명이 절약된 시간을 경제활동에 투입되는 점을 감안하면 2015년도 최저임금인 시간당 5,580원으로 환산해도 연간 19조 6천억 원이라는 금액이 나온다. 1년에 절감된 돈으로만 새로운 경부고속도로를 건설할 수 있을 정도다. 천문학적인 금액이 기술혁신에 의해 경제적인 부가가치를 창출하게 만드는 효과를 만들어낸 것이다.

경부고속도로가 국민의 생활을 반나절로 바꿨다면 고속철도는 2시간대로 바꿔버린 것이다. 이동 시간 절약은 물론 편의성까지 더해 사람과 사람, 가족과 가족, 지역과 지역 간의 거리감을 없애버렸다. 더구나 국민의 이동 시간을 줄여 생산을 위한 경제활동에 몰입할 수 있는 시간은 물론 여가를 즐길 수 있도록 일상생활 자체를 변화시킨 것이다. 만약 경부고속도로와 철도가 없었다면 'G20-50' 클럽에 가입할 수 있었을까? 건국 60주년 해인 2008년에 국내 한 매체에서 '건국 60주년 특별 여론조사'를 실시한 결과 (조선일보, 2008) 국민의 다수가 경부고속도로 개통을 건국 이후 민족의 10대 업적의 하나로 꼽았다.

# 재평가되어야 할 한국건설의 가치

한국건설의 가치에 대한 재인식 운동이 필요하다. 건설을 생활 속의 일부로 인식하여 국민경제와 함께하는 건설 재인식 운동 확산을 국가 차원에서 추진할 필요가 있다. 세계 최강국 미국도 1995년 대통령직속 국가과학기술위원회(NSTC) 산하 토목 · 건축분과위원회에서 3년간의 연구를 통해 발표한 '국가 건설 목표'는 우리에게도 신선한 충격을 줬다. 건설산업은 국가가 포기할 수 없는 산업이기 때문에 국가와 운명을 같이할 수밖에 없다는 결론을 내렸다. 건설이 '3D' 혹은 '낙후된 재래 산업'이라고 방치할 경우 국가와 국민이 입을 손실이 엄청났기 때문에 국가 차원에서 혁신해야 할 국정과제에 포함시켰다. 미국 경제를 끌고갈 생명공학(BT)이나 나노공학(NT) 등과 같은 수준으로 기술혁신이 필요함을 대통령에게 보고했다. 건설을 방치하거나 폄하하는 것은 결국 부메랑으로 국민들의 삶과 재산을 황폐화할 뿐이라는 주장이다. 우리도 국가 차원에서 건설이 국가와 국민 생활의 기반시설 공급 주체라는 재인식 운동을 활발하게 전개해야 한다. 건설의 가치를 높일수록 국민경제 가치도 동시에 상승된다는 사실을 국민들에게 인식시켜야 한다.

건설이 국민 생활경제의 일부라는 사실이 재인식 운동을 통해 받아들여진다면 국민들의 눈높이에 걸맞는 첨단산업으로 혁신시킬 국가 차원의 전략 수립이 필요하다. 건설을 국민경제와 따로 생각하는 것보다 삶의 질과 편의성을 높인다는 차원으로 국가는 물론 지자체 차원에 건설의 가치를 높이기 위한 새로운 정책이 필요하게 됨을 인식하게 될 것으로 예상한다. 건설이 제공 가능한 경제적 가치 외에도 국민생활의 편의성 제고, 국민의 문화 욕구 충족 등 유·무형의 가치는 활용성과 인식에 따라 높아지거나 낮아지기도 한다. 건설기술을 전통적인 전래 기술로 오해하거나 누구나 할 수 있는 저급의 기술로 폄하할 경우 그 피해는 결과적으로 사용자인 국민의 부담으로 나타날 수밖에 없다. 건설에 대한 부정적인 인식이 자칫하면 국가기반시설 자체를 방치함으로써 국가경제와 국가경쟁력이 하락했다는 미국의 반성을 우리는 반복해서는 안 될 것이다.

2

# 인류 생활과 문화를 주도하는 건설

건설 명품은 예술품과 같이
오래될수록 부가가치가 높아져
보편적인 경제 원리로는 설명할 수 없다.

# 국가와 도시문화를 창조한 건설

인류 역사를 정확하게 짚어내기는 어렵다. 건설의 역사도 마찬가지다. 건설은 수렵과 농업 등과 더불어 가장 오래된 전통산업으로 분류된다. 수렵과 농업은 인류가 살기 위해 반드시 필요한 에너지 공급원을 확보하기 위한 생산 활동이다. 동시에 인간이 지구상에 존재하는 한 수렵과 농업도 함께 존재한다는 사실은 누구나 인정한다. 인간은 원래 사회적 동물이다. 혼자서 살기보다 더불어 살아갈 수밖에 없다는 뜻이다. 당연히 가족이 생겨나고 가족이 머물 공간(집)이 있어야 한다. 인간이 공동으로 생활하기 위해 필요한 공간 건설의 산물이 광장이나 공공건축물이다. 또한 인류의 이동을 위해 길이 만들어진다. 인간이 사회적 활동을 하기 위한 공간이 바로 도시다.

인류 4대 문명의 발상지는 모두 강을 끼고 있다. 생활용수 때문이다. 인류가 문명을 창조해가기 위해서는 집단 공간 개발이 필요했다. 이 집단 공간이 최초로 만들어진 곳이 바로 4대 문명의 발

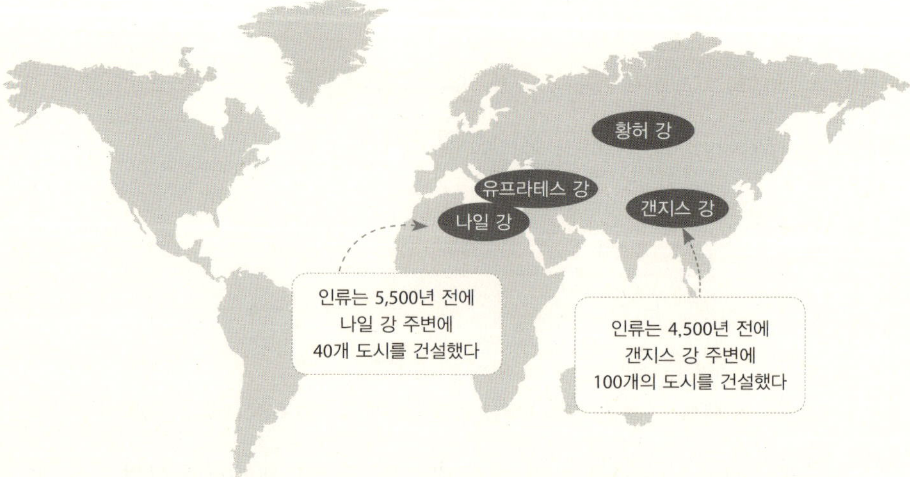


인류 문명의 4대 발상지

상지다. 제대로 된 기술이 없었을 때도 강을 끼고 인류가 집단생활을 할 수 있도록 집과 도로, 그리고 수로와 하수처리 시설을 생산했던 게 바로 건설이다. 집단과 집단, 그게 부족이든 마을이든, 국가든, 영토와 재산을 뺏기 위한 전쟁은 지금도 계속되고 있다. 이에 반해 건설은 전쟁 목적보다는 인간 생활을 위한 목적성이 훨씬 강하다. 건설의 원래 의미가 '시민 공학(civil engineering)'에 담겨 있듯 전쟁의 반대 의미로 시민생활을 대표하는 산업 혹은 기술이라는 의미가 담겨 있다.

수렵이 주 생계 수단이었던 사냥에서 현재는 축산업, 그리고 애완동물 산업 등으로 다양하게 진화되고 있다. 건설도 예외가 아니다. 단순 거주지와 도로 건설에서 신이나 왕의 권위, 국가나 기업, 심지어 개인의 취향에 따라 생산품도 다양해지고 생산품의 가치도 문화관광 상품으로까지 확대되고 다양해지고 있다.

전 세계 관광객들을 움직이게 만드는 요인 중 가장 큰 것이 건설에서 생산된 유적지라고 한다. 세계 관광객 3명 중 2명이 찾아가고 싶은 곳을 선택할 때 유적지 혹은 랜드마크 건설 상품을 떠올린다고 한다. 세계7대 불가사의든 신세계7대 불가사의든 인류가 선정한 14대 명품에는 건설이 생산한 상품이 11개나 된다. 현재는 문화유적지, 관광지, 문화관광지 등으로 알려져 있지만 건설할 당시에는 단지 건설에서 생산했던 여러 상품 중 하나였을 뿐이다. 누구도 건설생산품을 관광문화 상품으로까지는 보지 못했다.

한국에도 2014년 현재 유네스코가 지정한 세계문화유산 11개소가 있다. 유네스코가 지정한 문화유산은 대부분 건설의 힘에 의해 건축된 것이라는 점을 많은 사람들이 간과하고 있다. 건설과 문화에 대한 제대로 된 이해가 한국건설의 수준을 한 단계 높여 건설의 경제적 부가가치를 더 높여주는 효과를 기대할 수 있다.

# 인류 역사와 명품을 창조한 건설의 힘

건설이 인류 역사를 홀로 바꾼 건 아니지만 인류 역사에 상당한 영향을 끼친 것은 부인할 수 없는 사실이다. 현재는 건설 상품이 경제적 타당성이나 정책적 판단에 따라서 생산되지만 과거에는 신이나 통치권자의 권위를 높이기 위한 상징적 상품으로 이뤄진 것들이 많다. 건설 당시 목표와 달리 현재에 이르러서는 전혀 다른 형태로 상품의 가치를 더해 가는 것 역시 건설 상품이다. 일반적으로 문화유산이라고 하면 그림이나 조각, 그릇 등 개별 작품으로 인식하지만 궁궐이나 사원, 미술관 등 개별 작품을 담는 그릇은 생각하지 못했다. 잘 지어진 건설 상품이 문화적 가치와 함께 경제적 가치를 높인 예를 주위에서 얼마든지 볼 수 있다.

### 수천년 전에 탄생한 세계 명품 도시들

지금도 도시 건설은 국가나 사회에서 가장 큰 관심을 끄는 상품군이다. 별다른 수송수단이나 기술이 없었던 4~5천 년 전에 도시를 건설했다는 것은 자연스런 촌락 형성이 아니라 인공적으로 만들어진 생산품의 결과다. 시민들이 밀집지역에서 공동생활이 가능하기 위해서는 집과 도로, 그리고 생활용수 공급과 하수처리, 쓰레기 처리 수단을 필요로 했다. 수천 년 전에 도시가 탄생되었다는 사실은 현재 기술 수준으로도 여전히 풀리지 않은 수수께끼다.

약 2천 년 전에 요르단의 수도 암만에서 150km 떨어진 곳에 페트라라는 도시가 건설되었다. 페트라는 유엔이 세계문화유산으로 지정한 도시다. 페트라 시는 해발 950m에 건설되었다. 발견된 지 700년이 지났지만 사막지역에서 어떻게 포장도로와 공중목욕탕을 건설할 수 있었는지에 대해 많은 의문을 여전히 풀지 못한 상태다. 더구나 일부에서는 2천 년이 아닌 7천 년 전에 건설되었다는 주장을 할 정도로 역사성도 갖고 있다. 페트라 시에 3천 명을 수용할 수 있는 야외극장이 건설되었다는 것은 만 명 이상의 시민이 거주했음을 시사하는 것이다.

캄보디아에 건설된 앙코르와트는 비록 사원으로 알려져 있지만 그 규모는 소규모 도시를 능가할 정도로 넓다. 앙코르와트가 서방세계에 알려진 것은 16세기경이다. 늪지대에 건설된 앙코르와트는 적어도 1천 년 전에 건설되기 시작했던 것은 확실해 보인다. 현재 남아 있는 사원만으로도 세계인들이 즐겨 찾는 세계문화유산으로 지정되었다. 어떤 기술이 동원되었고, 어떤 목적으로 지어졌는지도 알려지지 않고 있지만 불교 사원만의 목적이 아닌 소도시였

요르단의 페트라(위)와 캄보디아의 앙코르와트(아래)

음은 확실해 보인다.

잉카문명을 대표하는 페루의 마추픽추는 여러 부문에서 문화의 중요성을 일깨워주고 있다. 건설된 정확한 연대보다 현재 기술로도 접근하기 힘든 산 정상에 건설되었다. 남아 있는 유적만으로도 현대의 신도시 건설의 모델이 될 만큼 정교하게 계획된 도시다. 당시 잉카제국의 인구가 1,100만이었다는 것과 산 위에 건설이 가능했던 배경에는 석조 문화와 기술이 광범위하게 활성화되었기 때문이라는 해석도 있다.

우리나라에도 세계에 내세울 수 있는 문화적 가치가 충분한 명품 도시가 있다. 유네스코가 지정한 수원 화성이 바로 그곳이다. 수원 화성이 건설될 당시 면적은 1.2㎢(약 36만 평)였다. 조선 정조대왕이 신도시를 건설하면서 예상했던 기간은 총 10년이었다. 정조대왕은 정약용에게 신도시 건설을 주도하도록 했다고 한다. 젊은 피인 정약용을 통해 새로운 방법을 찾고자 했을 것이라는 추측이다. 정약용은 전통적인 건축공법을 혁신하는 거중기 투입 방식을 통해 효율성을 5배까지 향상시켰다. 그 결과 공기를 2.5년으로 단축했다. 전통적으로 한국의 성은 전쟁이나 위급할 때 피난처로 사용할 성과 평상 시 거주하는 읍성으로 이원화해놓은 것을 수원 화성에서는 읍성 한 곳에서 해결할 수 있도록 설계했다고 한다. 더구나 공법과 재료 등을 화성 성역의 궤에 기록으로 남겨 지식 공유는 물론 읍성을 유지 관리하는 데까지 활용 가능하도록 했다. 수

원 화성 건설을 생애주기관리 차원으로 설계했다는 것은 한국건설이 200년 전에 이미 명품 신도시 건설 기록을 가졌음을 의미한다.

### 신과 인간의 권위를 높인 장인의 건축 혼

그리스 아테네에 2,500년 전에 건설된 파르테논 신전은 신을 숭배하기 위해 인간이 건설한 건축물이다. 이 신전은 건축물이라기보다 예술작품으로 보는 사람이 많을 정도로 정교하다. 세계문화유산으로 지정된 이 신전은 주위에서 가장 잘 보일 수 있는 언덕 위에 지어졌다. 예술품으로 봐야 한다는 주장은 신전 곳곳에 스며든 시각적 정교함이다. 예를 들어 어느 방향에서 보더라도 기둥 간격이 일정하게 보이게 한 기둥의 배치와 크기, 그리고 간격 디자인이 대표적이다. 남아 있는 기둥과 벽면에 새겨진 조각이나 미술품은 신과 인간을 이어주는 종교 문화를 대표하는 예술품이기도 하다.

도시라기보다 궁궐에 가까운 자금성 역시 통치권자의 권위를 상징하기 위해 건설된 건설 명품이다. 도시에 가까울 만큼 큰 규모지만 시민들의 접근이 금지되었기 때문에 궁궐로 보는 것이 타당하다는 주장도 많다. 자금성을 건설하기 위해 동원된 돌이나 나무 등은 인근에서 구하기 힘든 것들이다. 600년 전에 최소 2,000㎞ 밖에서 초대형 암반을 어떻게 운반했는지, 그리고 500㎞ 밖에서 건설에 필요한 대량의 목제들은 어떤 수송 수단을 사용했는지가 여전히 풀리지 않고 있다. 황제 한 사람의 권위를 지키기 위해 건설된 성이 현재는 전 세계로부터 시민관광객을 끌어들이는 블랙홀 역할을 하고 있는 것이다.

우리나라의 불국사는 부처님 숭상을 목적으로 1,500년 전에 건설된 사원이다. 신라시대 건설된 최초의 불국사가 원형 그대로 남아 있진 않지만 현재의 모습도 최대한 당시 모습을 재현한 사원이라고 볼 수 있다. 불국사와 함께 석굴암과 같은 불교 예술품이 지금까지 남아 있을 수 있었던 것은 불국사라는 사원이 건설되었기 때문에 가능한 것이다. 신라인이 부처님과 좀 더 가까이 하고 싶은 욕망을 모아 김대성이라는 재상이 창건했던 불국사는 국민의 염원이 건설 명품을 통해 시현되었다고 볼 수 있다.

세계문화 유산으로 지정된 경상남도 합천군 가야산에 자리잡은 해인사에 건축된 장경판전은 빼놓을 수 없는 한국의 건설 명품이다. 13세기에 제작된 목판 팔만대장경이 현재까지도 원형을 유지할 수 있는 비결에는 탁월한 장경판전이 있었기 때문에 가능했다. 온실가스 방출을 줄이기 위해 최근에 유행하는 친환경건축이 장경판전은 800년 전에 도입되었다. 자연환경을 최대한 활용하여 온도와 습도, 그리고 화재로부터 팔만대장경을 보호한 과학적인 설계가 도입된 것이다. 건물 앞과 뒤의 창문 크기를 다르게 한 것은 건물 내 바람 길을 만들어내기 위한 일종의 굴뚝 효과를 감안한 설계다. 습도 조절을 위해 숯과 소금, 그리고 횟가루를 적당한 비율로 섞어 외부 습도의 영향을 차단하는 과학적인 건축 재료까

수원 화성(위)과 해인사 내 장경판(아래)
사진 제공: 한국관광공사(위: 표학리, 아래: 이범수)

지 개발, 사용했다. 목조 건물임에도 여러 차례 화재에도 견딜 수 있었던 배경에는 인근 목조 건물과의 높이 차이는 물론 수평거리 유지와 함께 차단벽을 설치한 덕분이라 할 정도로 설계가 과학적이었다.

## 힘과 권위를 상징한 건축물

지구상에 오로지 인간의 힘만으로 건설된 상품 중 가장 큰 구조물로 인정받는 피라미드, 그중에서도 기자에 있는 쿠푸 대왕의 피라미드는 약 4,500년 전에 건설된 것으로 알려져 있다. 파리의 에펠탑이 건립되기 전까지는 세계에서 높이로도 최고도인 137m였다. 피라미드는 왕의 무덤으로, 살아있는 왕이 자신의 권위를 한껏 과시하기 위해 건설했다고 한다. 규모와 사용된 돌의 무게, 쌓은 기술 등 4,500년 전에 인간의 힘으로만 건설되었다고 믿기 어려워 한때 외계인들이 지은 건축물이라고까지 불렸다. 이집트 하면 반드시 떠올리는 관광 상품이 바로 '피라미드와 스핑크스'일 정도로 세계적인 유명세를 타고 있다. 피라미드 한 기에 사용된 돌만 230만 개로 역사적으로는 당시에 철기를 사용할 수 없었던 시대라는 점에서 어떤 도구를 사용하여 가공했으며 어떤 기술을 사용해 137m까지 돌을 쌓아올렸을까는 아직까지 과학적인 해석보다는 '설화' 정도에 머물고 있는 수준이다.

인도의 무굴제국이 1653년에 완성한 타지마할은 황제의 권위를 최대한 높인 대규모 건축물이다. 무굴제국 제5대 황제였던 샤 자한이 죽은 왕비를 위한 무덤궁전으로 인간의 권위가 어디까지 갈 수 있는지를 적나라하게 보여주는 상징성을 갖춘 건축물이다. 죽은 왕비를 묻기 위해 22년간 국민들의 피와 땀을 동원하여 건설한 무덤 궁전이 지금은 무덤이라기보다 세계 관광객들이 찾아가 보고 싶은 문화관광 상품으로 탈바꿈해 있다. 타지마할의 특징은 전체 건물이 통합된 하나의 상품으로 되어 있어 부분적인 증축이나 개축이 불가능하게 되어 있다는 점에서 현대 기술로도 해결하기 어려운 숙제를 남겨놓았다.

1889년 프랑스 파리에 완공된 에펠탑은 제3공화국의 국력을 전 세계에 과시하기 위해 건설되었다. 1899년도에 파리에서 개최되는 만국박람회는 거듭된 전쟁에서 연패했던 프랑스의 국력 회복을 전 세계에 알릴 최적기로 판단하여 당시로서는 세계 최고 높이였던 300m 탑을 파리에 세우기로 한 것이다. 당시 기술로는 300m까지 인간의 힘으로 구조물을 쌓는다는 건 불가능하다고 판단했기에 누구도 따라올 수 없는 최고도를 지향했던 것이다. 1800년대 말은 석조문화가 퇴조하고 철제문화가 싹트기 시작했던 시기였다. 원래 교량구조기술자였던 알렉상드로 구스타브 에펠(Alexadre Gustave Eiffel, 1832~1923)이 철 구조물을 이용하여 건립하겠다고 하여 설계 공모에서 당첨되었다. 예술의 도시를 표방했던 파리 시민은 물론 예술가들은 조직적으로 이 거친 모양의 에펠탑 건립을 반대했다. 파리 시정부가 궁여지책으로 책정되었던 예산 전액을 삭감하여 공사 중단을 노렸지만, 에펠의 고집으로 탑승권을 미리 팔아 건축비를 조달하면서까지 완공시켰다. 그 결과 계단만 1,652개에 이르는 에펠탑은 건설 역사상 최초의 민간투자사업임과 동시에 완공 2년 만에 건설비를 회수할 만큼 유명한 관광 상품이 되었다.

# 오래될수록 빛이 나는
# 건설 명품

인간의 힘으로 만든 거의 모든 상품은 시간이 갈수록 상품 가치가 떨어지게 마련이다. 하지만 미술이나 조각, 음악 등 예술 작품은 시간이 갈수록 가치를 더해 가는 것도 있다. 즉, 생활기반 및 용품 등은 시간이 흐를수록 감가상각에 의해 경제적 가치를 잃어가는 게 일반적이지만, 잘 지어진 건설 명품은 건설 당시 본래의 목적을 떠나 전혀 다른 유적지나 관광 상품화로 발전되는 것들이 많다. 이 명품들의 가치는 예술 상품과 같이 오래 될수록 부가가치가 높아져 보편적인 경제원리로는 설명할 수 없는 것이 많다.

**건설 명품은 예술품과 통한다**

예술품과 건축물의 공통점은 인간이 생산한 상품이라는 것이다. 목적성이 분명하다는 것도 닮았다. 건설은 인간을 물리적인 공간 혹은 가시적 공간에 두고자 하는 데 1차적인 목적이 있다. 예술품은 인간을 내면적 공간에 붙잡아두고자 혹은 감동을 주고자 하는 데 주요 목적이 있다. 가장 큰 공통점은 아마도 생산자인 건설 상품이나 예술품이 모두 자신을 위해 생산하지 않는다는 것이다. 예술품이든 건설 상품이든 완성품에 대한 가치 평가는 생산자가 아닌 타인에 의해 이뤄진다는 점도 비슷하다. 이탈리아 콜로세움과 같이 귀족들이 즐기기 위한 놀이공간으로 만들었지만 시간이 흐를수록 본래의 목적과 달리 관광 문화 상품으로 변하는 특징도 건설만의 속성이다. 보편적으로 보면 전혀 이질적인 것도 잘 지어진 건설 상품은 다양한 모습으로 변화될 수도 있다. 하지만 예술품은 아무리 시간이 지나도 건설 상품과 인간을 위한 물리적 공간으로 변모할 수 없는 한계가 있는 것과 같이 건설의 가치를 재인식해보면 흥미있는 사실을 많이 발견할 수 있다.

세계 5대 관광대국은 프랑스, 미국, 중국, 스페인과 이탈리아다. 이들 국가의 공통점은 국가나 지역을 상징하는 건축물이 반드시 있다는 점이다. 프랑스는 에펠탑과 루브르박물관이 있고, 미국에는 뉴욕의 엠파이어스테이트 빌딩과 샌프란시스코의 금문교가 있다. 스페인 하면 알람브라 궁전이나 투우장을 떠올리고, 바티칸 대성당이나 콜로세움은 이탈리아가 자연스럽게 연상된다. 중국에는 만리장성이나 자금성, 진시황제의 무덤 등이 전 세계 관광객들을 끌어들이는 원동력이 되고 있다.

국민들이 세계인들에게 보여주고 싶은 랜드마크 상품으로 지목한 것은 첫째가 서울 남산타워, 창덕궁, 경주 불국사 등이다. 막상 국민들이 세계인에게 보여주고 싶은 것을 추천하면서도 정작 목적성 관광은 외국으로 나가는 숫자가 더 많다. 국내 관광지식정보시스템에 의하면 2013년 기준으로 한국을 방문한 관광객은 약 1,220만 명이지만 반대로 출국에 나선 사람은 이보다 약 267만 명이나 많다. 그만큼 한국에는 건설 명품이 적다는 의미다. 전직 대통령 중 한 분이 터키와 카자흐스탄 등 한국보다 경제 수준이 떨어지는 국가를 방문한 후 귀국길에 왜 한국에는 품격 있는 건물이 없는지를 한탄했다는 일화도 있다. 국내에도 문화와 예술성을 가진 완성도 높은 건설 상품 탄생을 기대할 때가 왔다.

### 건설 명품의 경제적 가치를 좌우하는 국민의 눈높이

건설 상품은 주문자의 눈높이와 보편적인 국가 및 사회 수준이 디자인과 품질을 좌우한다. 최근 들어 건설 상품의 경제적 가치를 높이자는 움직임이 감지되고 있다. 문제는 상품의 가치를 투입된 자재나 건설생산품의 거래가격 등에 눈을 맞추고 있다는 데 있다. 즉, 원가 대비 판매가격 등 금전적인 가치에 더 많은 관심을 두고 있다.

2011년에 이탈리아 상공회의소가 프랑스 에펠탑의 상품적 가치를 약 617조 원, 이탈리아의 콜로세움의 가치는 129조 원으로, 미국 백악관의 가치는 115조 원으로 평가 발표했다. 에펠탑은 연간 700만 명 이상의 관광객을 끌어들이고 있다. 건설 상품을 건설이 아닌 관광문화 상품으로 본 것이다. 건설 상품의 가치(value)를 내구재 값(price)으로 보기보다 부가가치로 평가했다. 이미지와 브랜드, 그리고 관광객에 의한 일자리 창출이 곧 경제적 부가가치로 인식했다는 것이 핵심이다. 한국관광공사 추정에 의하면 국내에 관광객을 실은 여객기 1대가 내리면 자동차 100대를 수출한 것과 동일한 경제 효과가 있다는 것도 건설이 국가경제에 기여할 수 있는 또 다른 매력이 있음을 보여준다.

건설에서 생산한 교량이나 건축물 등은 분명 지역과 지역을 이어주는 역할, 사람들이 공간에서 머물 수 있도록 하는 본래의 역할이 있다. 기능과 역할에도 불구하고 일반인들은 사용하기 전부터 시각적으로 먼저 접하게 된다. 즉, 건설 상품은 주문자 혹은 소유자가 누구든 시각적이며 문화적 가치는 사람들과 공유된다는 사실이다. 건설이 거친 문화로 인식되는 것과 정반대로 건설에서 생산한 상품들이 세계인들을 끌어들이고 있다는 사실이 중요하다. 국민이 비록 국내에서 세계인들에게 자랑스럽게 보여줄 수 있는 현대 건축물이 없다지만 질적 눈높이 수준은 이미 세계 어떤 나라보다 높아져 있다. 건설은 과거 압축경제 성장과정에서 익숙했던 대규모 물량 공급 중심에서 선별적 선택으로 가는 질적 중심으로 변해가는 게 우리의 대세다. 질적 수요는 당연히 창조성과 독창성, 그리고 문화적 가치를 한국건설에 강하게 요구하고 있다.

# 3

# 경제 기적을 가능하게 한 한국건설의 힘

한국의 경제성장 과정에서
건설의 후방 지원 역할은
세계 어느 나라도 갖지 못한
독창적인 성공 스토리를 만들어냈다.

# 한국의 자원,
# 건강한 건설 DNA

2012년 6월 대한민국은 '20-50' 클럽에 가입했다. 인구 5천만 명을 넘기면서 일인당 국민소득이 2만 달러가 넘는 국가로 올라섰다. 2012년 기준 유엔가입국 192개 국 중 '20-50' 클럽에 가입한 국가는 한국이 7번째로 2차 세계대전 이후 첫 번째 국가다. 단군신화로 시작된 한반도 5천 년 역사에서 봄마다 겪는 연례행사였던 보릿고개라 불리는 '춘곤기'를 넘어선 것도 1970년대 후반이다. 한국인의 과거 상투적인 인사말이 '진지 드셨어요'였다. 배고픔을 해결하는 것이 최대 관심사였을 만큼 배고픈 경제였다.

한국이 경제성장을 국가 제1의 목표로 삼았던 배경에는 국민의 배고픔 해결 없이는 사회적 안정을 기대할 수 없다는 절박함이 있었기 때문이다. 한반도의 70%는 산지로 농사를 지을 수 있는 평지는 30%에 불과하다. 더구나 춘하추동으로 구분되는 사계절이 워낙 뚜렷했기 때문에 벼농사를 이모작으로 하는 것 자체가 불가능했다. 쌀이 주식인 국민들이지만 재배할 땅과 기후가 식량의 자급자족을 허락하지 않았다. 유일한 수단이 외국으로부터 쌀을 사 올 수 있는 경제 여력으로 대체할 방법밖에 없다는 결론에 도달하게 된다.

석유나 가스, 철광석 등 천연자원 매장량이 없는 한국으로서는 원자재 생산을 통해 외화를 벌어들이는 방법이 최선이었다. 대규모 공업이 조성되었고 공장 가동에 필요한 발전소 등이 단기간에 건설되었다. 생산된 제품을 운반하기 위한 도로가 건설되었고 해외시장으로 내다 팔기 위해 대규모 항만도 건설했다. 사람과 물류 이동을 위한 교통시설이 육상에서 하늘 공항까지 연결되기 시작했다. 공장 가동에 필요한 물 공급을 위한 대규모 댐 건설 역시 같은 시간대에 건설되기 시작했다. 도로나 발전소, 공항이나 댐 등은 건설 자체가 목적이 아닌 공장가동과 사람과 물류의 이동을 돕는 후방 지원 역할을 하는 데 있다. 대규모 건설은 이뤄졌지만 후방 지원 역할에 머물렀기 때문에 국민의 눈에는 잘 보이지 않았던 점은 지금도 아쉬움으로 남아 있다.

수출을 통해 벌어들인 외화가 경제성장을 주도했다. 소득 수준이 높아진 국민의 욕구는 가족과 함께할 수 있는 안전하고 편안한 주거 공간, 즉 주택 수요를 촉발시켰다. 1980년대부터 대규모 주택공급정책이 시행되기 시작한 것도 국민의 내집 마련이라는 대규모 수요가 있었기 때문이다.

한국의 경제성장 과정에서 건설이 기여한 역할을 정확히 이

해함으로써 지역경제에서 새로운 활력을 찾기 위한 정책개발에 상당한 시사점을 발굴할 수 있다. 건설을 후방 역할에서 전방위 역할로 끌어냄으로써 새로운 성장 동력을 만들어낼 수 있기 때문이다.

# 경제 기적을 견인한 건설의 후방 지원

매장된 자원이 없고 식량을 생산할 수 있는 공간도 부족한 한국경제가 살기 위해서는 국토 밖에서 먹거리를 찾을 수밖에 없었다. 가용 재원의 부족을 메꾸기 위해서는 밖에서의 돈벌이가 최우선이었다. 문제는 경제력이 약한 국내 소비로는 목적 달성이 어려웠다. 당연히 외화를 벌어들이기 위해서는 대단위 공업단지 건설이 동시 다발적으로 이뤄졌다. 울산공업단지나 포항철강단지, 여천공업단지 등이 대표적이다. 공장을 세우기 위해서는 평탄한 부지가 필요했고 물과 전기도 필요했다. 부지와 공장 수요는 건설이 담당했음은 물론이다. 완성 목적물은 공장이었지만 땅을 만들고 공장을 세운 것 역시 건설의 역할이었다. 1960년대 초반부터 40년간 공장 및 생활용수 공급 역량이 67배로 늘어난 것이나 공장 가동을 위한 발전설비 용량이 393배로 늘어난 것도 건설의 후방 지원 역할이 있었기 때문에 가능했다. 아무리 수요가 있었어도 한국건설이 공급할 역량을 제대로 갖추지 못했다면 '20-50' 클럽 가입은 불가능했으리라는 확신이다.

### 국민의 생활고를 해결한 건설의 힘

제1차 경제개발5개년계획은 1961년부터 실행되기 시작했다. 대규모 공업단지 조성은 한국건설에 도전 기회와 함께 많은 국민에게 새로운 일자리를 제공했다. 농업과 어업, 그리고 상업에 익숙했던 국민들에게 건설 현장이라는 새로운 일자리는 배고픔을 해결해줌과 동시에 가족의 행복과 미래를 위한 저축까지 가능하도록 만들어줬다. 도로나 철도 등이 절대 부족했던 시기였기 때문에 근로자의 건설현장은 거주지와 떨어질 수밖에 없었다. 가족의 생계를 위해 가족과 떨어져 24시간 일하는 것을 당연하게 생각할 수 있었던 것도 당장의 배고픈 문제를 해결할 수 있었고 또 저축을 통해 가족의 미래를 만들어갈 수 있다는 확신이 있었기에 가능했다.

7차례에 걸쳐 경제개발5개년계획이 실행된 덕분에 한국경제는 압축성장을 거듭했다. 경제 기적을 가능하게 한 건설은 비록 후방 지원 역할을 했지만 최대 호황기에 있었던 것도 사실이다. 반면에 시장은 호황에도 불구하고 국민의 눈에 비친 건설은 밝은 면보다 어두운 면이 부각된 점은 한국건설에 아쉬움이 남는다. 소득 수준 향상에 따라 높아진 국민의 시각은 건설업체가 이익을 독점한다는 인상으로 비쳐졌고, 현장의 근로자는 업체로부터 노동을 착취당하면서도 정당한 임금을 제대로 받지 못하는 약자로 인식하게 만들었다. 건설이 힘든 것은 사실이지만 누구나 할 수 있는 보편적 기술이라는 인식을 갖게 만들기도 했다. 누구나 할 수 있다는 인식은 시장 크기에 비해 업체 수가 무분별하게 늘어나는 부작용도 촉발시켰다.

한국건설이 국민경제 성장 과정에서 후방 지원 역할을 기대 이상으로 할 수 있었던 역사는 잠재된 저력을 확인할 수 있는 계기가 되기도 했다. 압축성장 과정에서 건설이 제공할 수 있었던 기술력은 경험이 전혀 없었던 시기임에도 해외 시장으로 진출할 수 있는 도전과 용기를 가질 수 있었던 배경이 되기도 했다.

### 공업단지 조성을 주도한 건설의 힘

공업단지는 내륙보다 강가나 바닷가에 건설되는 게 보편적이다. 원자재 수송은 물론 완제품을 대량으로 수송하는 역할을 담당한다. 선편은 대량 물류와 함께 중량물 이동 수단으로 사용된다. 울산이나 포항, 여천, 거제도 등에 대단위 공업단지가 조성된 것도 이런 배경이다. 공업단지는 공장과 배후단지, 그리고 물류수송 설비 등이 기본 요소이기 때문이다.

바닷가에 위치하는 공업단지는 대규모의 방파제와 대형 선박 입·출항이 가능한 항만시설도 필요하다. 공장이 들어서기 위해서는 전기나 가스, 통신, 대용량 급수 공급망과 저수시설, 그리고 종업원이 근무할 공간이 있어야 하고, 단지 내 도로는 물론 차량과 사람의 통행을 제어할 수 있는 교통관리체계도 필요하다. 일정량의 원자재 보관 장소도 필요하고 완제품을 쌓아두는 창고도 필요하다. 공업단지가 필요로 하는 위의 것들이 모두 공장 가동을 위한 인프라에 속한다. 공업단지 수요가 건설이라는 공급 요소를 끌어들인 것이다. 건설은 주문에 의한 생산방식이다. 공업단지 수요가 주문이고 부지조성 공사, 전력공급시설관로나 용수배관, 가스배관 공사 등이 생산 역할에 해당되는 것이다.

세계 건설시장에서 가장 많이 알려지고 읽혀지는 건설전문 주간지인 미국의 *ENR*(engineering news record)는 건설에서 생산하는 상품을 교통, 건축, 수자원, 산업플랜트 등 9개 부문에서 60여 개 상품군(교량, 상용건물, 터널 등)으로 분류한다. 국내에서 산업플랜트는 토목이나 건축 등 일반적인 건설과 분리시켜놓았지만 국제표준은 발전소와 석유·화학공장 등도 건설 상품의 한 종류에 포함시킨다. 국내보다 건설의 범위를 훨씬 폭넓게 보는 것이 보편적 인 글로벌 시각이다. 건설투자액 추정 시 산업시설 투자(고정자산 투자)가 상당한 영향을 미치는 것도 이런 시각에서 보면 충분히 이해될 만하다. 플랜트 상품에서 전통적인 토목·건축 부문의 투자비중은 35%에 불과하지만 각종 기자재와 기반시설을 종합해서 플랜트의 성능과 품질을 좌우하는 것은 결과적으로 건설생산 활동의 몫이 되는 셈이다. 국제표준에서 플랜트를 건설시장에서 생산하는 범주에 포함시키는 이유도 여기에 있다.

한국경제를 견인했던 중공업은 소득 수준이 높아지고 21세기에 접어들면서 전자산업과 유전자생명산업, 정보통신산업 등 최첨단 제품의 비중이 높아지면서 가치를 가볍게 보는 시각이 늘어나는 것을 부인하지 못한다. 압축성장 과정에서 일상화되었던 공업단지란 명칭도 지금은 산업단지로 바뀌었다. 당연히 대단위 공업단지 조성으로 인한 건설시장도 점차 비중이 낮아지고 오히려 반도체 공장 건설에서 핵심에 속하는 클린룸과 같은 초정밀·초청정 실내 공간 건설의 비중이 높아가고 있는 게 대세다. 국민이 상주하는 주택이나 사무 공간 등에 실내공기 청정도를 규제하는 실내공기질관리법이 제정된 것도 이런 추세의 연장선이다. 건설산업의 부가가치가 양 중심에서 질 중시로 옮겨가고 있는 것이다.

## 수출단지 인프라를 주도한 건설의 힘

수출산업은 국가 간에 거래로 이뤄진다. 한국경제가 전쟁의 폐허에도 불구하고 'G20-50' 클럽에 진입할 수 있었던 것은 수출을 통한 경제도약이 가능했기 때문이다. 한국은행이 발표하는 산업연관표에 따르면 한국경제의 대외 의존도가 2012년 기준으로 36%까지 비중이 높아졌다. 우리나라가 무역 중심의 경제대국이라는 의미다. 인구가 5천만 명을 넘어섰다고는 하지만 내수시장 소비만으로는 경제대국이 될 수 없다. 한국의 경제 영토는 무역을 통해 확장되고 있다. 무역은 수출과 수입으로 이뤄진다. 3면이 바다로

둘러싸인 국토에서 경제 영토를 확장하기 위해서는 항만과 공항을 통해 수출입 통로를 확장하는 것이 자연스럽게 도출되는 결론이었다. 한반도의 지리적 위치와 경제성장을 이룩하려는 정부의 수출산업 육성책이 어우러져 건설이 후방 지원이 어느 국가보다 더 활성화되었던 배경이다.

한국의 경제 영토를 넓히는 첨병 역할인 대량 수송은 항만이, 빠른 수송은 공항이, 내륙수송은 도로가 맡았다. 1961년 제1차 경제개발5개년 첫 실행에서부터 2008년까지 항만의 하역 능력은 680배, 국제공항은 15배, 고속도로 길이는 7배가 늘어날 정도로 단기간에 국가기반시설이 건설되었다. 아무리 큰 항만이나 공항이라도 육로를 통한 접근성이 떨어지면 제 기능을 발휘할 수 없다. 예를 들어 중국이 부산항이나 광양항에 몰린 국제 물동량을 염두에 두고 상하이 인근에 초대형 항만을 건설했지만 육로 접근성 제약과 함께 불안정한 기상으로 당초 기대 값을 달성하지 못하고 있는 것으로 알려져 있다. 동남아시아와 중앙아시아 등 신흥국들이 경제개발계획의 모범사례를 찾기 위해 한국의 교통기반시설을 빈번하게 찾아오는 것도 국가경제성장 전략 모델이 성공했기 때문이다. 우리 경제가 소비를 내수시장에만 만족했다면 오늘날과 같은 '땅(陸)·바다(海)·하늘(空)'을 아우르는 종합교통체계를 갖추지 못했을 것이다.

## 높아진 국민소득, 주택과 도시에 관심을 갖다

수출을 통해 벌어들인 국민소득은 개인 가계에서 식생활비가 차지하는 비중을 낮췄다. 국민이 생활고에서 어느 정도 벗어나기 시작하면서 가족이 편안하게 거주할 공간인 주택에 대한 수요가 높아졌다. 제1차 경제개발5개년계획이 실행될 당시인 1961년 이전에는 전체 인구 100명 중 17명이 도시에 거주했다. 대부분의 국민들이 농업과 어업, 광업 등 1차 산업에서 생계비를 벌어들였다. '국토의 계획 및 이용에 관한 법'에 따라 만들어지는 국토종합계획서에서는 2013년 말 기준 국민 100명 중 92명이 도시에 거주하는 것으로 나타났다. 국민의 가슴속에 전통적으로 자리잡은 '농본제일주의' 정서와는 전혀 다른 모습이 우리의 현실이다. 가구당 주택공급 수도 2003년을 기점으로 초과하기 시작했다. 소득 수준 향상으로 단기간에 5천 년 역사에서 처음으로 주택 수가 가구 수를 초월한 것이다. 현재는 초과 공급된 주택을 시장에서 어떻게 소화시켜야 하는지가 당면과제로 부상될 정도로 격세지감을 느끼게 만든다. 주택은 반드시 소유해야 한다는 고정관념이 이제는 주거 개념, 즉 선택 자산 중 하나로 변해가고 있는 것이다.

분당이나 일산 등 수도권의 신도시 개발은 한국인에게는 보금자리를 제공한 역할을 했다. 이라크나 아랍에미리트 등 중동국가와 아제르바이잔과 카자흐스탄 등 중앙아시아, 베트남과 캄보디아 등 동남아 신흥국가들에게는 신도시 개발의 모범사례로 제일의 벤치마킹 대상으로 대접받고 있다. 유럽이나 미국 등 선진국에서 신도시 건설이 최소 20년 이상 소요되는 것과 달리 한국의 경우 10년 이내에서 완공되기 때문에 갈 길이 급한 신흥국들에게는 매력적인 상품이 되어 있다.

## 신성장 동력을 만들어낼 건설의 힘은 어디까지?

21세기 경제 기적을 만들어내는 데 막강한 역할을 했던 한국건설이 지속적으로 국민경제 성장에 보탬이 될 수 있는 가능성은 얼마인가? 중공업에서 IT 등 첨단산업으로 경제 중심의 축이 이동하면서 한국건설이 현재와 미래를 위해 어떤 역할로서 신성장 동력을 만들어낼 수 있을지 고민이 필요한 시기다. 경제성장을 경험했고 또 발전해온 과정에서 얻은 지식의 상품가치가 향후에도 지속적으로 효력이 있을 것인지에 대한 진단도 필요하다. 다른 국가와 비교해서 건설은 한국 경제에 특별한 비중과 의미를 가지고 있다. 압축성장 과정과 같이 후방 지원 역할에 머물 것인지 아니면 주력 경제가 이동한 만큼 한국건설도 과거와는 전혀 다른 모습으로 국민경제 발전에 기여할 것인지에 대한 검토와 가능성에 대한 예측이 필요하다.

## 먼저 공급하고, 수요를 창출하다

건설경제에 대한 통상적인 속설은 '선 주문 후 생산' 방식이다. 수요 없는 공급이 없다는 의미다. 스페인 북서부 해안가에 있는 빌바오 시는 한때 철광석을 소재로 한 철강공업도시였다. 지하자원이 고갈되면서 도시경제가 황폐화하기 시작했다. 일자리를 찾아 도시를 떠나는 인구는 늘어나고 빈집들이 폐가로 변하기 시작한 것이다. 도시 재생에 대한 다양한 연구가 진행되었다. 연구 결과, 뉴욕에 있는 구겐하임미술관을 벤치마킹한 스페인의 빌바오 시는 구겐하임미술관을 건립하여 상주인구의 20배가 넘는 방문객이 몰리는 문화 · 관광도시로 탈바꿈시켰다. '선 수요 후 공급' 원칙에서 '선 공급 후 수요 창출'로 변화시킨 모범적인 사례다. 이 사례를 통해 건설이 후방 지원 역할에서 공급을 통한 새로운 수요를 창출하는 본보기가 될 수 있음을 증명해 보인 것이다.

이와 같이 건설도 전방위로 새로운 상품을 생산하여 신 수요를 창출할 수 있음은 생각의 차이에서 비롯된 것이다. 이런 측면에서 보면 파리의 에펠탑 건설도 극도로 침체되었던 프랑스의 자존심을 되살리기 위한 정치적 판단으로 생산되었지만 결과적으로는 파리를 연간 700만 명이 찾는 문화관광 명소로 만든 것이다. 외부 과시 목적이 경제적 부가가치를 높이는 경제상품으로 변한 것이다. 2011년에 준공된 일본 도쿄의 방송탑, 높이 634m의 '스카이트리(sky tree)'도 공급을 통해 관광이라는 새로운 수요를 창출하겠다는 전략이 깔려 있다. 도심에서 떨어져 경제성을 찾기 어려웠던 변두리 땅(36,900㎡, 약 11,000평), 그것도 철길과 도로에 끼인 별 쓸모가 없었던 자투리땅을 활용하여 랜드마크 타워를 건설했다. 낙후된 변두리 지역이 랜드마크 탑 하나로 일본은 물론 세계 각국에서 관광객이 몰려 몸살을 앓을 만큼 활발한 상업지역으로 변했다. 낙후지역을 관광·상업지역으로 변모시키는 데 소요된 시간은 불과 5년이었다.

### 한국건설의 잠재력은 무엇인가?

건설이라는 생산 활동은 머리와 가슴으로 상상하고 설계하여 손으로 마무리된다. 시작과 끝이 사람 중심으로 이뤄진다는 의미다. 사람의 능력이 건설을 지배한다고 볼 수 있다. 세계은행(World Bank)이 발표한 자료에 따르면 총국민소득(GNI) 20위에 든 국가 중 70%에 해당하는 국가들이 한국과 같이 천연지하자원이 없거나 부족한 국가들이라 한다. 중동이나 남미 몇몇 국가와 같이 석유나 가스 등 천연자연이 많다고 해서 반드시 잘사는 것은 아니라는 뜻이다. 다시 말해 한 국가의 국민경제 성장을 주도하는 것은 인적자원이 천연 매장 자원을 초월한다는 것과 같다. 한국건설은 기술자만 70만 명 가까이 보유하고 있다. 경제나 인구 규모와 비교해서 2년제 이상 대학을 졸업한 사람이 타의 추종을 불허할 만큼 많다. 그것도 2년제 대학 이상의 우수한 인재를 가지고 있어 양적인 잠재력 면에는 세계 어느 국가보다 앞서 있는 셈이다.

한국건설이 가진 세계 시장에서의 장점 중의 장점이 압축성장을 통해 획득한 검증된 기술과 경험, 그리고 도로와 철도, 공항과 항만, 원자력발전소, 주택과 신도시 등 다른 나라가 가지지 못한 살아 있는 상품을 가지고 있다. 예를 들어 2001년에 준공한 인천국제공항은 20세기 후반에 건설된 허브국제공항 중 개항 당시 문제가 없었던 세계 최초 국제공항이었다. 인천국제공항 건설 경험이 세계 공항 당국들로부터 12년이 지난 현재까지도 기술지원 요청을 받는 것도 인천국제공항 건설의 성공 경험이 가진 효과 때문이다. 즉, 살아 있는 성공 경험이 기술 및 관리서비스 수출 상품화 효력을 유발하고 있는 것이다. 최근에 계약된 이라크 신도시나 아제르바이잔 신도시 개발 등도 한국의 신도시 개발 성공사례가 살아 있는 상품이라는 사실을 증명해주고 있는 셈이다. 특히 국내 신도시 개발에서 강조되었던 유비쿼터스 도시(u-city) 상품은 신흥국들로부터 충분히 관심을 끌 수 있었다. 유럽이나 미국 등 선진국들이 갖지 못했던 한국건설의 고유한 신도시 개발 이미지 상품이 되어 있는 것이다.

## 경제 기적을 가능하게 한 한국건설의 또 다른 도전

미래학 부문에서 세계적인 명성을 가진 프랑스의 경제학자인 조엘 드 로스네(Joel de Rosnay) 교수는 1994년 다보스포럼에서 변화의 크기와 속도를 다음과 같이 표현했다. "과거 5천 년 동안의 변화가 500년 안에 벌어졌고 500년 동안의 변화는 다시 50년으로 압축된다. 50년간의 변화가 5년 안에 벌어졌다는 사실은 미래 100년의 변화가 눈앞에서 가시화될 시간적 간격이 10년 만에 벌어지리라는 예측을 가능하게 만든다." 건설도 예외가 없다. 변화는 이미 가시화되고 있다. 성경에 나오는 인류 최초의 고층건물인 바벨탑의 높이가 92m 정도로 추정된다. 4,500년 전에 건설된 피라미드의 최고 높이가 137m 정도였던 것이 1889년에 준공된 에펠탑에 의해 깨졌다. 그러나 이 기록도 1937년에 준공된 미국 엠파이어스테이트 빌딩에 의해 무너졌으며, 2009년 두바이에 준공된 828m 높이의 버즈칼리파 빌딩으로 또다시 무너졌다. 현재 최고 높이인 버즈칼리파도 10년 이내에 사우디아라비아 제다 시에 건설되는 높이 1,000m 건물에 의해 무너질 것으로 예상될 만큼 빠른 변화가 일어나고 있는 중이다. 4,000년이나 지속되었던 인간이 세운 탑의 높이가 불과 10년을 주기로 계속 바뀌고 있는 것이다.

한국의 경제성장 과정에서 건설의 후방 지원 역할은 세계 어느 나라도 갖지 못한 독창적인 성공 스토리를 만들어냈다. 대단위 공업단지 조성이나 발전소 건설이 제때 건설되고 성공적으로 가동될 수 없었다면 현재와 같이 '20-50' 클럽에 가입할 정도로 빠른 성장은 불가능했다. 한국건설은 이제 후방 지원 역할 성공에서 전방위로 나서 국민들의 일자리 창출은 물론 새로운 국민경제 성장을 견인할 신상품 개발을 창출해야 할 위치와 시기에 도달해 있다. 프랑스의 에펠탑이나 스페인의 빌바오 시 구겐하임미술관 건립 등에서 증명되었듯이 건설 상품 개발이 새로운 경제성장 동력을 만들어낼 수 있다고 확신한다. 한국건설은 지구촌 어느 국가도 경험하지 못한 단기간 내 국가기반시설 건설 상품과 모범적인 정책과 성공사례 등을 보유하고 있다. 한국경제에서 건설이 차지하는 비중은 경제 비중보다 신흥국들의 시선이 한국으로 향하는 강도와 빈도가 훨씬 높다는 점에서 특별한 의미가 있다.

# 4

# 복제와 반복을 뛰어넘은 건설 기술과 진기록

한국의 급속한 경제성장은
'한강의 기적'이라 불리며, 한국건설은
'한강의 기적'을 만드는 데 초석이 되었다.

## 몸과 도전정신에서, 머리와 지식으로

세계인들이 부러워하는 한국경제는 '한강의 기적'이라 불릴 만큼 짧은 기간 동안 성장해왔다. 일제강점기와 6 · 25전쟁으로 철저하게 파괴된 한반도에서 달성된 세계 초유의 경제 기적이기 때문에 불가사의할 정도로 평가받고 있다. 파괴된 도로와 철도, 그리고 가옥은 완전히 새롭게 건설되었다. 한국경제에서 건설이 차지하는 경제적 가치는 대한민국 정부수립 60주년이던 2008년에 국내 주간잡지인 『한경비지니스』가 일반국민을 대상으로 한 설문조사에서도 그대로 드러났다. 한국경제를 혁신시킨 1등 공신으로 1970년에 개통된 경부고속도로를 가장 많은 국민이 지목(5명 중 1명)했다.

한 국가의 경제성장에서 도로나 철도, 도시건설 등 건설을 빼놓고서는 생각할 수 없다. 세계 역사에서 가장 오랫동안 세계를 지배했던 로마(약 2,200년간 세계 지배) 힘의 원천은 물류와 군사를 가장 빨리 이동시킬 수 있었던 도로를 건설했기 때문이라는 게 시오노 나나미의 『로마인 이야기』에 나온다. 로마의 도로는 포장된 길이만 8만km로 국내 도로 총길이보다 약간 짧은 정도지만 당시로서는 세계를 제패할 만큼 빠른 길을 갖고 있었다. 한국경제 성장에서 건설의 기여도를 떠나서 상상할 수 없을 만큼 한국건설은 특별한 의미를 담고 있다. 농사와 가내공업 수준에 머물렀던 건설기술은 경주 불국사의 아사달이라는 석공이나 조선시대 정조대왕이 구상했던 경기도 화성 신도시 건설에 동원된 기중기 기술이 전부였을 정도로 낮은 수준이었다. 농사에서 흔해 사용했던 쟁기와 소달구지 수준에 준했다. 반만년이라는 긴 역사를 가진 한반도지만 건설산업의 역사는 백분의 일 수준에 불과할 정도로 짧다.

한국의 건설기술은 6·25전쟁 복구 과정을 통해 성장하기 시작했다는 평가다. 당시는 미군정과 원조국들의 도움으로 파괴된 도로나 철도를 복원하는 작업 과정에서 미국이나 프랑스, 일본 등 선진기업의 감독과 기술지원으로 몸과 도전정신으로 어깨 너머로 기술을 익히기 시작했다. 몸과 도전정신이 현재는 머리와 지식으로 세계시장에서 선진기업들과 경쟁하는 시대로 접어들었으니 세계인들은 물론 국내 원로 건설인들의 눈에도 놀랍게 비치는 게 당연하다.

아무리 좋은 자동차라도 달릴 수 있는 도로가 없으면 무용지물이다. 세계 최고급 승용차로 인정받는 페라리도 포장된 도로가 없는 산악이나 사막에서는 장난감에 불과하다. 마찬가지로 세계 최대 여객기인 유럽의 에어버스도 공항의 활주로가 없으면 쓸모없는 비행기에 불과하다. 자동차와 비행기, 그리고 여객선 등에 가려져 건설이 보이진 않지만 도로와 공항, 항만 등이 건설되었기 때문에 혁신적인 교통수단이 등장하게 된 것이다.

# 세계 시장에서 경쟁하는 한국건설의 기술 수준

인공위성을 지구궤도에 제대로 진입시키려면 초정밀도를 요구한다. 지구 둘레가 4만km 정도니 출발점에서 1mm만 벗어나도 도착지에서 40km나 벗어난다. 이 정도 정밀도를 숫자로 계산하면 25,000분의 1이 된다. 한국건설이 2010년에 완공한 거제도 바다 앞 수심 40m 깊이에 건설한 침매터널은 20,000분의 1의 정밀도를 요구할 만큼 최첨단기술을 요구한다. 하늘에는 바람이 불지만 바다 밑은 조류가 항상 일고 있다. 움직이는 조류를 뚫고 해저 40m 깊이에 길이 180m인 콘크리트 터널을 깔아 앉히는 기술을 한국건설이 해낼 만큼 지금의 수준은 30년 전인 1980년대 이전에는 상상하기 어려웠다. 한국에서 건설되고 있는 해상교량이나 원자력발전소, 국제공항건설 확장 사업 등에 외국기술자들이 한 수 배우기 위해 방문하는 것 자체가 우리 건설기술 수준을 가늠하기에 충분하다. 비록 시작은 선진기업의 어깨 너머로 배운 기술이었지만 현재는 선진기업들과 국제 건설시장에서 경쟁할 만한 위치에 오기까지는 그만한 대가를 국내는 물론 해외시장에서 치렀기 때문에 가능했다.

### 자존심을 버리고 익힌 눈치 기술 1.0세대

도로와 철도, 상하수도와 발전소 등 국가기반시설이 전혀 갖춰지지 않았던 시대의 건설은 외국 자본과 기술이 주도하는 시대였다. 한국 역사에서 처음으로 건설산업 관련 모태법이 제정된 것도 1958년도였으니 산업이나 기업이라는 명칭 자체가 생소했던 시절이었다. 설계기술이나 시공기술이라기보다는 주로 외국기술자들이 제공하는 도면에 따라 육체노동을 제공하던 게 전부였을 정도로 기술이라기보다 노동에 가까웠다. 흙벽돌과 목재가 전부였던 시절에 외국기술에 의해 콘크리트와 철근 등 전혀 새로운 재료가 도입되었어도 용도와 사용방법까지 외국기술에 의존할 수밖에 없었던 시대였다.

유난히 눈썰미가 뛰어난 한국인의 배워야 한다는 학구열은 외국 기술자들의 어깨 너머로 눈으로 기술을 익히게 된다. 한 번 본 기술이지만 반복적으로 시공한 학습 덕분에 기술의 완성도가 쌓여가기 시작했다. 독자적인 설계나 시공의 어려움도 있었지만 국가재정이 열악했던 당시 한국 정부로서는 국내 기업들보다는 자금을 제공하는 외국기업들과의 협력이 더 유리했을 것이라는 판단은 가능하다. 결과적으로 선진기업들의 사업 파트너가 정부나 공

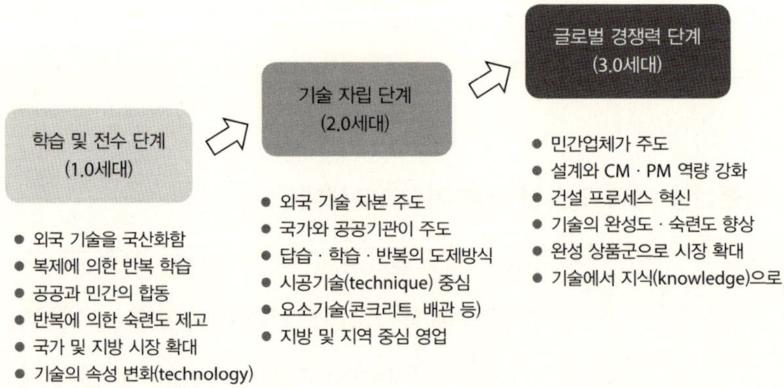


한국건설의 기술 발전 단계

공기관이 될 수밖에 없었으며, 국내 기업들은 외국 기업들의 하청이나 기술 지도를 받을 수밖에 없는 종속관계에 있었다.

한국건설인들의 열정과 어깨 너머로 익힌 기술이었지만 외국 기술자들의 눈에 비친 한국건설의 기술 수준은 도저히 자신들을 따라올 수 없을 것이라 판단했다. 이 판단을 전제로 기술전수라는 신무기로 또 다시 한국시장을 지배하려 했다. 양질의 노동력과 저렴했던 인건비는 선진국에서처럼 건설현장에 중장비 투입을 자제하게 만들었다. 결과적으로는 이런 시련이 한국 건설현장의 기술을 현재의 수준으로 끌어올리는 데 상당한 기여를 했다는 평가다. 한국의 경제 여력과 건설기술 수준을 얕보게 된 게 오히려 선진기업의 기술 개방 폭을 넓혔고 속도를 빨리하게 되었다는 결론이다.

만약 처음부터 자존심을 앞세웠다면 현재와 같은 기술 수준에 올라서지 못했을 것이다.

## 정책과 산업의 협력을 가능하게 한 기술자립 2.0세대

외국의 기술에 의존해왔던 한국의 건설기술이 기술 자립 단계로 돌아선 배경에는 정부의 경제 및 기술자립 정책이 큰 공헌을 했다. 기술자립을 촉진하기 위해 정부는 기술개발에 과감한 투자뿐만 아니라 가격 평가에서도 국산화율을 반영하도록 외국기업들에게 요구했다. 원자력발전소 건설강국으로 올라설 수 있게 된 배경에는 국고를 투입하면서까지 외국의 과학자 유치는 물론 국내 기술자들을 외국 기관에 파견해 교육 및 훈련시킨 집중 지원 정책이 있었다. 외국기업들로부터 국내로 기술이전을 촉진시키기 위해 국내 각종 사업에 참여하려는 외국기업과의 계약서에 국내 기업을 의무적으로 참여시키는 기술의 국산화 정책은 건설기술 자립에 상당한 기여를 한 게 사실이다.

선진기술을 습득하는 과정에서 처음부터 한국적 토양이 우선해야 한다는 일부의 주장도 있었다. 하지만 있는 그대로를 받아들여 소화시킨 후 한국의 새로운 기술로 탄생시킨 보이지 않는 전략도 있었다. 즉, 외국기술을 복제하여 국내시장에서 반복함으로써 기술의 완성도를 높인 후 새로운 기술로 만들어내는 과정을 밟았다. 기술자립 단계에서 베트남이나 아제르바이잔 등 신흥국들의 눈에 비친 경이로움은 정부와 산업체들의 협력관계였다. 여기에는 부지런한 국민성도 있었지만 기술 자립을 국가 차원의 큰 목표로 정책의 일관성과 과감성을 유지한 정부 정책의 몫도 무시하지 못한다. 선진국 건설시장에서 일반화되었던 기술들도 한국건설에서 기술자립 과정을 거치면서 독자적인 기술로 거듭나기 시작한 것이다. 상당 분야의 기술들이 외국기술의 도움 없이도 독자적으로 수행할 수준까지 오게 된 것이다. 과거에는 외국기술자나 기업의 기술지도가 당연시했던 것이 기술자립 단계에 들어오면서 지도나 감독이 선택제로 바뀌기 시작한 것이다.

세계 최강인 플랜트 건설기술이나 원자력발전소 건설기술, 세계 최고 높이에 도전하는 건축공사 경쟁력은 선진기업도 두려워한다. 이제 한국업체들의 움직임을 예의주시하는 수준에 와 있다. 한국건설 기술은 국내에서 건설되는 모든 건설 상품을 독자적으로 소화시킬 수 있는 기술자립 수준에서 한 단계 더 높은 것으로 움직이고 있음이 분명하다.

### 아직은 미완성 단계인 한국건설 기술 3.0세대

한국건설의 기술 수준이 선진기업과 해외 건설시장에서 경쟁할 수 있는 수준까지 와 있는 게 사실이지만 독자적인 기술 확보까지는 앞으로도 가야 할 길이 많이 남아 있다. 한국인들의 근면성과 성실성, 그리고 책임성에 힘입은 어깨 너머로 배운 시공기술은 선진기업들과의 경쟁에서도 뒤처지지 않는다. 다만 건설 상품 생산에서 시설 운영까지 전 생애주기 동안 발생하는 단계별 기술에서는 여전히 선진기업과 상당한 격차를 보이고 있는 것 또한 사실이다.

건설 상품을 창출하기 위해서는 수요를 파악하거나 공급이 새로운 수요를 유발할 수 있는 상품 기획 및 상품 생산에 대한 타당성 분석 등의 전문기술이 필요하다. 한국건설은 이 부문에서 선진기업에 비해 상당한 격차가 있다. 국내 시장이 도로나 항만, 철도 등 부족한 시설용량을 메꾸기 위한 반복·재생 생산에 치중한 결과로 보인다. 선진국의 경우 오랜 역사를 통해 부족한 시설을 충분히 공급해왔기 때문에 건설이 새로운 수요를 촉진시키기 위해서는 새로운 상품 발굴과 기획력이 필요했다. 한국의 건설시장도 선진국형으로 진입하고 있기 때문에 새로운 상품 개발을 기획하고 수익성을 높이는 전문지식과 기술 개발이 필요한 단계에 진입한 것이다.

교량이나 건축물 등 건설 상품의 품질과 성능, 경관, 가격과 공기 등은 현장 시공보다 계획 및 기본설계와 건설관리에 의해 좌우된다. 현장 시공은 생산물 자체가 목적물로서 가시화되지만 설계와 건설관리는 국민들의 눈에 잘 띄지 않는다. TV드라마에서 기본설계에 해당하는 시나리오와 배우 역할을 계획하고 조정하는 연출자 역할은 보이지 않고 화면에 비치는 배우들만 보이는 것과 같다. 드라마 흥행은 배우 역할도 중요하지만 지배력은 시나리오

와 연출자에게서 나오는 것과 같은 의미다. 한국건설의 기술 수준은 배우 역할에는 강하지만 시나리오 작성과 연출자 역할, 즉 보이지 않는 부문은 아직도 선진기업에 비해 상당히 떨어져 있다.

한국건설은 과거와 현재에 익숙해져 있는 선진국 따라하기(fast follower)에서 세계 시장을 선도하는(first mover) 리더가 되기 위해서는 선진기업보다 앞선 기술, 창조적인 한국건설만의 기술이 있어야 한다. 2006년 9월 한국을 방문했던 하버드대학의 마이클 포트 교수가 한국경제를 향해 외친 목소리가 한국건설에도 그대로 적용된다. '한국의 복제경제(copy economy)' 시대는 갔다. 한국은 이제 창조경제(creative economy) 시대로 빨리 전환해야 살아남을 수 있다. 한국건설의 기술 수준은 아직 3.0세대를 완성하지 못한 2.5세대에 와 있다. 창조경제에 해당하는 글로벌 건설시장의 선두 주자 자리에 올라서기 위해서는 세계기술을 선도할 수 있는 3.0세대로 하루 빨리 진입해야 한다.

### 세계 건설기술을 선도할 한국건설 기술 4.0세대

빠른 추종자에서 한국건설 기술이 주도하는 세대로 진입하기 위해서는 한국건설 기술이 전 세계 건설시장에서 선도하는 위치에 올라설 수 있어야 한다. 한국건설의 기술표준이 곧 세계 표준이 될 수 있는 경지로 가야 한다. 한국의 글로벌 챔피온 산업인 대형선박 건조기술이나 반도체기술 등이 세계 표준으로 인정받는 것과 같은 논리다. 한국건설이 스스로 신기술을 창조하여 세계 건설 곳곳에서 활용하게 하는 세대를 4.0세대로 정의했다. 비록 시간과 노력이 필요하겠지만 불가능한 목표도 아니다.

# 역사를 바꾼 건설 명품

짧게는 수백년, 길게는 수천년 역사를 가진 미국이나 유럽 등 선진국들에 비해 한국건설이 법과 제도로서 산업의 틀을 갖기 시작한 역사는 1958년 건설업법이 제정된 이후의 55년 내외다. 3,800년 전 인류 최초의 법으로 평가받는 함무라비법전에도 건설에 대한 조항이 있을 정도로 인류의 건설산업 역사는 길다. 이에 비해 한국건설은 한반도 역사와는 비교할 수 없을 정도로 짧다. 도목수를 축으로 했던 가옥이나 사찰, 궁궐 등은 지어왔지만 도시와 도로, 초고층 건축물 등 전 세계에 산재되어 있는 역사적인 건설 상품과 비교해서는 상당한 수준차가 있는 게 현실이다. 세계 불가사의나 지구촌 사람들의 눈길을 끌 수 있는 피라미드나 엠파이어스테이트 빌딩, 에펠탑 등과 같은 건설 상품이 한국에 없다는 것은 인정하지만 반세기 동안 달성한 성과는 세계 건설시장에서 나름대로 평가를 받고 있다. 한국건설이 세계 시장에서 주목을 받기 시작한 배경에는 다음과 같은 한국의 역사를 바꾼 건설 상품의 각종 진기록이 단기간에 달성되었기 때문이다.

### 시간과 거리를 좁힌 도로와 지역과 사람을 연결한 다리

한국에서 첫 번째 아스팔트로 포장된 도로는 국도1호선이다. 국도1호는 원래 신의주에서 목포를 잇는 길이 498km로 대한민국 정부 수립 이듬해인 1946년에 첫 삽을 뜨기 시작해 무려 25년에 걸쳐 1971년에 준공되었다. 1968년에 착공해 1970년에 개통된 경부고속도로의 29개월보다 270개월이 더 걸린 것이다. 한반도를 종단하는 국도1호는 미국의 원조기금이 투입되었고 설계와 건설관리는 미공병단(US Army Corps of Engineers, USACE)이 주도했다. 한반도에 등장한 최초의 고속도로는 1968년에 개통된 경인고속도로다. 국내에서 건설된 최초의 시멘트포장도로인 대구와 광주를 잇는 88고속도로 건설은 동서화합을 목적으로 했다는 점에서 사회 · 정치적 배경이 있었다.

3,300개의 섬이 있는 한반도에서 섬과 육지를 잇는 다리인 연육교는 1934년 일본이 건설한 영도대교지만, 한국 정부에 의해 건설된 첫 번째 연륙교는 1965년에 완공된 해남군과 완도군을 연결하는 남창대교다. 현존하는 세계 최장대교인 일본 아카시대교의 주경 간 길이가 1,991m지만 국내에서 최초로 건설된 현수교는 경남 하동과 남해를 연결하는 남해대교다. 현수교는 적당히 늘어지게 친 케이블이 본체를 구성하는 다리로, 샌프란시스코에 있는 금

문교(Golden Gate Bridge)가 대표적이고, 한국에는 남해대교, 광안대교 등이 있다. 남해대교는 다리를 길게 만들 수 있는 현수교 기술을 적용한 한국의 첫 번째 다리로 주경 간의 길이가 404m로 1973년 준공 당시 최장대교로 많은 사람이 다리를 보기 위해 모여들기도 했다. 남해대교는 다리뿐만 아니라 주변 경관과 어우러져 현재도 국민의 볼거리인 관광 상품이 되어 있다.

### 석탄을 나르는 탄광철도에서 사람을 나르는 고속철도까지

대한민국 정부에 의해 완공된 최초의 한국철도는 1949년에 개통된 제천-송학 간 철도다. 한국 1호 철도는 사람이 아닌 석탄을 실어나르기 위한 탄광 전용 열차였다. 1992년에 착공된 한국 최초의 고속철도는 경부고속철도다. 2010년 10월에 서울-부산 간 전 구간이 개통된 고속철도는 승객전용이라는 점에서 1호 철도와 차별된다. 경부고속철도 개통은 호남고속철도와 함께 국민들의 시간과 거리를 최소화했다. 또한 고속철도 기술을 해외에 수출할 수 있는 단계까지 기술 수준을 끌어올렸다는 점에서 국민경제 성장에 상당한 기여를 할 것으로 기대하고 있다.

### 한국만의 진기록을 남긴 국민주택, 아파트

국내 최초로 공개 분양된 아파트는 1958년 성북구 종암동에 있는 아파트였다. 1995년에 철거되었지만, 대통령까지 준공식에 참여했을 정도로 전국민의 관심거리였다. 3개동 5층으로 56㎡(17평형)이었다. 최초의 단지형 아파트는 당시 대한주택공사(현 LH공사)가 공급한 6층의 복도식과 계단식이 혼합된 형태였다. 1962년에 공급된 마포아파트는 30㎡(9평형), 40㎡(12평형)와 50㎡(15평형)로 지금의 국민주택 규모보다 작았다.

최초로 공급된 임대아파트는 1971년 서울 개봉동에 공급된 주택공사 아파트였다. 가구당 면적 43㎡(13평형)로 총 300세대가 분양되었는데 경쟁률이 13 대 1일 정도로 당시의 주택 부족현상을 알 수 있었다. 객관성을 보장하기 위해 채택된 방법이 '뺑뺑이 돌리기' 방식이었다. 당시 대한주택공사에서 준비한 알이 3천 개였지만 추첨 참가자는 이보다 훨씬 많은 3,339명이었다. 인원수를 맞추기 위해 알까지 추가해야 할 정도로 당시에도 임대주택 선호도가 높았다.

1970년대 당시 기준으로 서울에 12층을 넘는 초고층 아파트는 여의도 시범아파트였다. 모두 1,500가구가 공급된 이 시범아파트는 12층과 13층으로 15개 동으로 구성된 한국 최초의 순수주거용 고층아파트 단지였다. 고층이어서 엘리베이터가 설치되었고 엘리베이터 도우미가 입주민들의 편의를 위해 투입되었다는 점에서 격세지감을 느낄 만하다. 여의도 시범아파트보다 먼저 공급된 한국 최초의 고층아파트는 11층 120가구로 된 서울 한남동의 외국인 전용 힐탑아파트였다. 대한주택공사가 발주했지만 시공은 일본

1962년 완공된 마포아파트

다이세이 건설이 맡을 만큼 국내 건설기술 수준이 경험과 신뢰도 면에서 낮았던 점도 눈길을 끈다.

### 도시의 명물도 흉물이 될 수 있음을 보여준 한국의 도시 발전

서울 도심지에 처음으로 등장한 고가도로가 1968년에 아현동에 건설되었다. 도심지에 2층 도로가 생기자 국민적 관심을 끌어들인 명물이 되었다. 고가도로 준공식에 국무총리와 서울특별시장이 참석할 정도로 유명세를 탔다. 그러나 소득 수준이 1천 달러 미만이었던 국민들의 눈높이가 2만 달러를 넘어설 시기에는 도심지의 흉물로 취급당했다. 서울시민의 눈높이가 2014년에 철거하게 만든 것이다. 한때 도심의 명물도 눈높이에 따라 흉물로 변할 수 있음을 적나라하게 보여준 사례다. 이런 사례는 미국의 역사 도시인 보스턴에서도 지상의 모든 고가도로를 지하화하는 데 무려 146억 달러(17.5조 원, '미국판 Big Dig')*를 투입한 데서도 공통점을 찾을 수 있다.

도심지 재개발의 상징으로 등장했던 서울 종로구의 첫 주상복합아파트였던 세운상가는 13층으로 1967년도에 준공되었다. 상가와 백화점, 그리고 5층부터는 아파트로 '종삼'이라는 지역의 부정적 이미지를 탈피하기 위해 건설되었다. 1960~70년대의 명물이 2010년에 들어 흉물로 철거 날짜만을 기다리는 신세가 되었다가 현재 도시재생의 사업지로 공표되었다. 반면에 분양 당시엔 골칫거리였던 아파트가 실제 입주가 시작되면서부터 주거 명품으로 탈바꿈한 사례도 있다. 서울 동부이촌동에 공급된 '한강맨션'은 최초로 중앙난방식과 24시간 온수를 공급하는 아파트였지만 1969년 분양 당시 분양률이 70% 미만일 정도로 시민의 외면을 받았다. 입주가 시작되면서 편의성과 한강변이라는 쾌적성까지 더해 골칫거

* Big Dig는 미국 보스턴 시의 CA/T(The Central Artery/Tunnel) 프로젝트로 '교통체증 없고 녹지 가득한' 도시로의 변신을 위해 도심을 관통하는 고속도로의 차로를 확장하고 지하화하여 공원과 녹지를 마련하는 등 보스턴을 완전히 새로운 도시로 탈바꿈시키는 거대한 도시재개발 사업이다. 미국 역사상 가장 대규모이자 난공사인 것으로 알려진 종합 프로젝트다.

아현동 고가 철거 전과 후
사진 제공: 서울시청

리가 한순간에 명품으로 각광받기 시작한 사례다.

### 마을을 밝힌 발동기에서 국가를 밝히는 발전소로

초롱불과 호롱불로 가정을 밝혔던 한국에서 발동기를 저녁 시간대 1~2시간씩 가동하여 마을을 밝혔던 게 1960년대 국민의 생활경제 모습 자체였다. 발동기가 동네 수준을 벗어나지 못한 반면 1957년 최초의 수력발전소인 칠보발전소가 가동되기 시작했다. 칠보수력발전소는 6 · 25전쟁 중에도 공사를 계속했던 것으로도 유명하다. 한국의 화력발전소 1호는 1965년에 준공된 서울 마포에 당인리 발전소다. 국내에서 생산되는 무연탄과 수입에 의존한 중유를 연료로 운전되는 100메가와트급 소형 발전소였다. 지금은 세계 최고 수준을 자랑하는 한국의 원자력발전소 건설기술 수준이지만 1970년대만 해도 우리 기술이라곤 토목과 건축공사 수준을 벗어나지 못했다. 1977년에 부산광역시 기장군에서 가동을 시작한 한국의 첫 원자력발전소는 고리1호기로 미국 건설기술이 주도했지만 한국원자력발전소 건설기술의 모태로 평가받고 있다.

# 빠른 추종자에서 앞서가는 개발자로

세계인들이 경이롭게 쳐다보는 한국건설은 국민경제 성장과 비중면에도 특별한 의미를 지니고 있다. 선진기업들의 기술 학습이 '선 이론 후 실습'인 반면 한국건설의 기술은 '선 실습 후 이론' 과정을 밟았다. 압축성장 과정에서 대규모 물량을 소화해야 했기 때문에 '복제와 반복'을 거듭하면서 기술의 숙련도와 완성도를 높여간 것이다. 한국건설의 기술 수준이 세계인들의 주목을 받는 위치에까지 올라선 배경에는 어느 국가도 경험하지 못했던 한국만의 진기록 건설 상품들이 생산되었기 때문에 가능했다. 비록 기술엔 끝이 없다고 하지만 한국건설 기술은 국민들의 소득 수준 향상에 따른 눈높이에 따라 끊임없이 변하고 있다. 높아진 국민들의 눈높이는 한국건설 산업에게 세계인들이 보고 싶어 하고 찾아오고 싶은 21세기 건설 명품을 한국 땅에도 세워지길 기대하고 있다.

5

# 무에서 유를 창조한 기적의 해외건설

# 한국의 해외건설은
# 아직도 배가 고프다

# 외환위기 때마다 구원투수로 나섰던 한국의 해외건설

국민경제에서 해외건설이 차지하는 비중은 세계 어느 나라보다 특별하다. 한국건설의 국제경쟁력은 2013년 말 기준으로 국제 건설 전문잡지(*ENR*, 2014.8.25)에 따르면 세계 6위다. 한국건설이 세계 10대 강국에 들었다는 것보다 더 크게 국민경제에 기여한 점은 세계 정치와 경제가 혼란기에 빠져 있을 때마다 구원투수 역할을 했던 실적이다. 1960년대 베트남 전쟁에 파견한 대가로 얻은 전후복구사업에서 외화를 벌어들이는 후방 효과를 거뒀다. 그런가 하면 1070년대에서 80년대에 세계 경제를 강타했던 오일쇼크로 인해 외화 부족 위기에 처했을 때 중동에 진출한 한국건설업체들의 노력으로 극심하게 흔들렸던 국가재정 위기를 극복할 수 있었다.

양질의 노동력은 잘 살아보려는 일념으로 저임금을 마다않고 해외시장에 도전했던 게 한국건설의 세계적인 위치를 있게 한 원동력이었다. 풍부한 양질의 노동력은 해외 건설시장을 통해 기업들에게는 일감을 안겨줬고 근로자들에게는 일자리를 만들어주었다. 배가 고팠던 현실에 익숙한 해외파견 근로자들은 벌이에 비해 씀씀이가 적었다. 돈을 쓸 줄 몰랐다는 게 정확한 표현일 정도로 해외에서 번 임금과 수당은 은행저축으로 몰렸다. 이렇게 한국경제의 최대 약점이었던 외환 부족을 중요한 고비 때마다 해외건설 수출이 해결사 역할을 할 수 있었던 것도 한국의 해외건설이었다.

# 나라 밖에서 더 밝은 빛을 낸 한국건설의 힘

2014년 기준 한국의 해외건설 수주액은 660억 달러로 반도체 507억, 조선 497억 달러보다 월등히 높다. 한국의 해외건설 수주액 누계는 2013년 11월을 기점으로 6천억 달러를 넘어섰다. 유엔 가입 192개 국 중 한국건설이 진출한 나라가 138개 국이니 지구촌 전체가 한국건설의 경제 영토가 되어 있는 셈이다. 세계 건설산업에서 보이지도 않았던 국가가 세계 건설의 제일의 경계 대상국으로 부상하는 데에 5년이 채 걸리지 않았다. 한국건설이 1965년 해외시장 첫 진출에서 1천억 달러 수주액을 달성하기까지 소요된 시간이 27년이었지만 현재는 1.5년 정도밖에 소요되지 않을 만큼 성장 속도가 빠르다. 세계 어느 나라도 경험하지 못한 기적을 한국건설이 달성할 정도로 국민경제에서 해외건설은 특별한 의미가 있다.

한국이 해외 건설시장에서 강자로 부상한 배경에는 한국경제의 압축성장 과정에서 이룩한 국내시장에서의 실증적 경험과 지식, 정부정책의 기술자립 지원, 어깨 너머로 익힌 한국건설인의 눈

한국건설의 해외시장 도전과 성장과정

썰미, 근로자들의 근면성과 도전정신 등이 복합적으로 작용했기 때문이다. 기술을 수입하는 국가에서 기술을 수출하는 국가로, 기술 교육을 받던 국가에서 기술 전수를 하는 국가로 성장한 해외건설은 한국경제의 성장 역사만큼이나 빠른 성장세가 현재도 진행 중이다. 인천국제공항이나 고속도로 건설, 신도시 건설현장에 신흥국 관계자들이 끊임없이 찾아오는 것도 한국건설의 해외시장 영토를 확장시키는 데 상당한 도움을 주고 있다.

### 인류의 신 불가사의를 만들어내는 길과 물길을 만든 한국의 해외건설

한국의 해외건설 첫 진출은 1965년 타이의 파타니-나리티왓 고속도로 건설이었다. 국내에서조차 경험과 기술이 없었던 한국건설이었지만 도전을 통해 얻은 경험적 가치가 한국건설에 해외시장의 가능성을 눈뜨게 하는 계기가 되었다. 경험이 없기로는 1976년 사우디아라비아가 발주한 쥬베일산업항 건설사업은 세계적인 시선을 끌었던 사업임과 동시에 계약금액이 우리나라 전체 예산의 1/4에 해당할 만큼 어마어마한 금액이었다. 계약과 동시에 받은 착수금은 외화 부족에 시달리던 정부의 짐을 크게 덜어주기도 했다. 사막을 가로지르는 리비아 대수로 건설사업은 대통령이 직접 챙길 만큼 큰 사업이었다. 1983년 동아건설이 시작한 리비아 대수로 사업은 불가능을 가능하게 만들었다는 평가를 내려 세계 8대 불가사의로 지명해야 한다는 목소리가 나올 정도로 힘든 사업이었다. 도로와 항만, 그리고 생활용수 공급에서 해당국가의 마일스톤(milestone)을 변경시킬 만큼 큰 영향력을 발휘한 국가 인프라 사업이었다. 해외건설 누적수주액 5천 달러 달성을 기념하여 해외건설협회가 10대 상품으로 선정하기도 했다.

### 21세기 바벨탑과 전설의 도시를 재현하는 한국의 해외건설

지구촌에서 인간이 거주하고 있는 건물 중에서 최고 높이는 사막 도시인 두바이에 세워진 버즈칼리파 빌딩이다. 높이 828m로 2009년 완공 당시 성경에 나오는 5천 년 전의 바벨탑을 재현한 것이라는 주장이 나올 정도로 세계 건축물의 아이콘이 되었다. 건축물의 높이 경쟁을 촉발시킨 말레이시아 쌍둥이 건물인 페트로나스타워(452m), 타이완의 타이페이 101(508m) 등은 현재까지 10대 초고층 건축물로 인정받고 있다. 높이 경쟁에서 세계 1,2,3위 건물이 한국 건설에 의해 골조공사 혹은 마감공사가 완성되었다. 1960년대까지만 해도 6층짜리 건물의 건설을 위해 외국기술에 의존해야 했던 한국이 반세기 만에 세계가 인정하는 건축 강국으로 급부상하였다. 다시 말해 어떤 나라보다도 초고층 건물에 대한 실증적 경험을 가진 국가로 발전한 것이다.

섬나라이면서 도시국가인 싱가포르의 랜드마크는 단연 2010년에 문을 연 마리나베이샌즈 호텔을 꼽는다. 한 국가를 상징하는 랜드마크를 한국건설이 세운 것이다. 설계도면에서 외형이 공개되었을 때 시공이 불가능한 그림에 불과하다는 혹평을 받기도 했다. 전설 속에 등장하는 공중정원이라 불리기도 했다. 피사의 사탑보다 10배 이상 기울어져 시공도 어렵지만 건물 자체의 안전도 보장하기 어려울 것이라는 평가였다. 21세기 건설의 기적으로 불리는, 한국건설에 의해 완공된 이 건축물은 싱가포르 당국에 따르면 2010년을 기준으로 연간 관광객이 1,700만 명을 넘어설 것이라는 전망이다. 마리나베이샌즈 호텔은 건물이라기보다 바닷가의 종합리조트다. 높이는 57층에 불과하지만 옥상에 하늘공원과 수영장을 갖췄다는 점에서 세계 관광객의 주목을 받고 있다. 호텔을 찾는 사람들 모두에게 한국건설의 위상을 알릴 수 있는 살아 있는 광고판인 셈이다.

이라크는 인류 역사에서 문명의 발상지로 불리는 티그리스와 유프라테스 강을 끼고 있는 국가다. 수도 바그다드는 수천년의 역사와 동화를 가진 찬란했던 문화유산이 많은 전설적인 도시다. 오

싱가포르 마리나베이샌즈 호텔(왼쪽)과 두바이 바즈칼리파 빌딩(오른쪽)

랜 전쟁으로 인해 파괴된 수도를 복원시키는 사업 중 하나로 10만 가구로 구성된 신도시 건설을 통째로 한국 기업에 맡겼다. 설계에서부터 시공까지 전 과정을 한국기업에게 일임했다는 의미는 과거 20년 동안 국내에서 건설한 신도시 성공사례를 이라크 정부가 인정했기 때문이다. 국내 신도시 건설에서 쌓은 경험과 기술이 해외시장에서 상품화되는 성공적인 사례로 평가받을 뿐만 아니라 해외건설이 신도시 건설에도 강력한 경쟁자 지위로 격상되는 순간이기도 하다.

이라크 신도시 바스야마 신축 현장

## 바닷물을 민물로, 생명수를 공급하는 한국건설

한국이 해외건설시장에서 강국으로 부상한 배경에는 중동국가들의 지하자원 개발이 있었다. 쓸모없던 땅 지하에 매장된 무한대에 가까운 석유와 가스는 중동국가들을 하루아침에 세계 경제와 정치에 막강한 영향력을 행사하는 강국 대열에 올려놓았다. 석유와 가스채굴 공장 건설에서부터 채굴된 원료를 가공하여 공산품을 만들어 수출하는 공업단지까지 국내 건설업체들이 미국이나 프랑스 등 선진국 기업들과 경쟁하면서 석유 · 화학플랜트를 건설하고 있다. 한국업체들이 강했던 토목과 건축시장에서 첨단 기술을 요하는 플랜트건설 영역까지 진출함으로써 한 단계 높은 기술 강국으로 변한 것이다. 특히 이란에 건설된 사우스파 가스전 개발사업은 전 세계에서 가장 규모가 큰 사업으로 한국업체들의 독무대가 될 만큼 해외건설의 새로운 전기를 만드는 계기가 되었다.

지구에 존재하는 물의 97%는 바닷물이고 3%가 민물이다. 스페인 상수도국에 따르면 인류가 사용하는 물은 1.8%에 불과하다고 한다. 그런데 1.8%의 민물마저 사막 국가인 중동과 북아프리카 등에는 그림의 떡에 불과하다. 연간 강우량이 250㎜ 미만이라 물을 저장할 시설조차 무의미하다. 인간이 산소 없이 버틸 수 있는 시간은 4분에 불과하다고 한다. 물 없이 버틸 수 있는 최대 시간은 3일, 즉 72시간이다. 자연스레 사막지역에서 사람이 살 수 있는 공간은 오아시스 지역으로 한정될 수밖에 없었다. 과거 중동국가들이 오아시스 지역을 중심으로 도시가 발달되었던 역사이기도 하다. 지금은 막대한 오일달러로 국가재정이 넉넉한 중동국가들이 신도시 개발에 한창이다. 도시를 만들기 위해서는 생명수가 필수다. 비가 오지 않는 나라에서 생명수 공급은 바닷물을 민물화하는 담수화공장이 필요하다. 도시의 생명수를 공급하는 역할을 한국업체들이 주도하고 있다. 한국의 담수화플랜트 자재 및 건설 역량은 세계 최고 수준이다. 중동지역에서 담수화플랜트의 절대강자가 바로 한국의 해외 건설업체들이다.

지구상에서 인간이 건설하는 시설물 중 가장 안전하고 정밀성을 요하는 건설 상품이 바로 원자력발전소 건설이다. 지구온난화를 방지하기 위해 탄소배출량이 석탄발전소에 비해 1/100에 불과한 원전은 청정에너지임에는 틀림없지만 사고로 인한 방사능 유출 시 국가와 사회에 치명적인 위험을 가져올 수 있기 때문에 초정밀의 고도기술, 그리고 안전한 설계와 시공기술이 절대적으로 필요하다. 국내에서는 1978년에 처음 상업가동을 시작한 고리원자력1호기는 미국 자본과 기술에 의해 주도되었다. 세계에서 원전건설을 자력으로 할 수 있는 국가는 10개 미만이다. 원자력발전소에 후발주자인 한국이 2009년에 아랍에미리트연합국(UAE)에서 실시한 경쟁입찰에서 최종 계약권을 따낸 것은 한국은 물론 전 세계 원전산업계가 발칵 뒤집힐 만큼 큰 사건이었다. 원전 수입국에서 원전 수출국으로 급변하는 순간이었다. 더구나 아부다비 원전건설 계약 금액은 190억 달러로 한국의 해외건설 역사상 최대 금액을 기록했다. 경쟁 상대가 미국과 일본, 프랑스 등 원전산업 강국임과 동시에 경제력과 기술력, 그리고 국가경쟁력이 한 차원 높은 국가들의 대표기업들이었다는 점에서 한국의 해외건설 경쟁 수준을 세계에 보여줄 수 있는 계기였다.

# 국민경제 버팀목 역할을 넘어서고 있는 한국의 해외건설

매장 자원이 없고 세계 시장을 선도하는 핵심 기술이 빈약한 한국 경제에서 해외 건설시장은 시간이 흐를수록 국민경제를 지탱하는 버팀목 역할과 비중이 늘어나고 있다. 건설은 자동차나 TV 등 완제품 수출과 달리 건설과정을 수출하는 전형적인 서비스산업이다. 즉, 국민들의 일자리 창출과 직접적인 관계가 있다. 한국건설의 세계 건설시장 영토가 넓어질수록 한국인들의 해외시장 진출국도 늘어나는 셈이다. 한국의 해외건설 시장이 어디까지 갈 수 있는지는 누구도 예측하기 어렵다. 누구도 상상하지 못했던 성과들이 가시적으로 눈앞에 나타나기 때문이다. 해외시장이 커질수록 국민경제에서 건설이 차지하는 비중도 자연스럽게 높아질 수밖에 없다. 변방 경제에서 주력 경제로 탈바꿈할 수 있는 기회이기도 하다.

**진화하는 해외건설**

1970년대에는 한 해 10억 달러 미만이던 해외건설이 2014년에는

80배나 늘어나 연간 약 660억 달러에 달한다. 영국의 건설시장 전망기관인 옥스퍼드 이코노믹스(Oxford Economics)에 따르면 전 세계 건설시장은 전 세계 국내총생산액(GDP)의 10%라고 한다. 국제입찰로 진행되는 해외 건설시장은 전 세계 건설시장의 8~10%로 전망했다. 한국 건설업체들이 도전하는 시장이 국제입찰 대상인 10%에 해당한다. 2013년 *ENR*(2013. 8.26.)지 분석에 따르면 한국의 해외 건실시장 점유율이 7.8%(세계 250대 건설기업들이 해외에서 달성한 기성액 기준)이며, 한국의 해외건설 시장 덩치를 세계 6위권으로 평가했다.

1980년대 중반까지만 해도 한국의 해외건설은 양질의 근로자들과 기술력에 비해 상대적으로 임금이 낮은 인건비에 의해 경쟁력을 의존해왔다. 해외건설에서 국내로 유입되는 달러도 주로 인건비가 전부였다. 달러벌이가 '건설에 의해 건설인이 건설로 벌이'가 된 셈이다. 당시에는 해외건설 자체가 건설이라는 울타리 안에서 자급자족되었던 시절이기도 했다. 하지만 초장대교량(Long Span Bridge)과 초고층건물, 플랜트시설 등으로 해외건설의 주력 무대가 옮겨가면서 건설산업과 시장만으로는 자급자족이 불가능해졌다. 건설의 울타리를 벗어나 각종 기자재와 건설 중장비, 펌프와 모터 등 공업생산까지를 끌어들이게 된다. 고용도 건설이 직·간접에서 산업 전체로 확대되는 전방위 산업 연관효과로 번지기 시작한 것이다. 건설이라는 수요가 제작공장의 가동률을 높이는 역할을 하

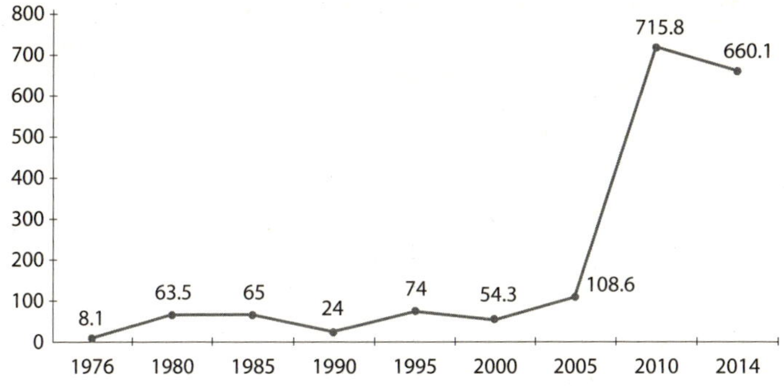


해외건설 수주액 추이
자료: 해외건설협회.

면서 타 산업의 수요를 견인하는 새로운 형태로 발전하기 시작한 것이다. 따라서 부가가치도 건설에서 전 산업으로까지 확대되기 시작한 것이다.

### 한국의 경제 영토를 전 세계로 넓혀가는 해외건설

해외건설은 외적으로는 진출 국가와 지역을 넓혀간다. 국내적으로는 국민경제에서 차지하는 비중이 점점 높아진다. 따라서 국민경제에 미치는 파급 영향이 시간이 흐를수록 강도가 높아지고 있다. 국토교통부가 가톨릭대학에 의뢰한 연구에 따르면 2012년 6월에 5천억 달러에 달한 한국건설이 해외건설로 얻은 부가가치는 고용인원만 686만 4천 명에 달한다. 순수 외화 유입액만도 누계로 144조 원이다. 국내 공장가동과 자재 생산 등 타 산업에 영향을 미친

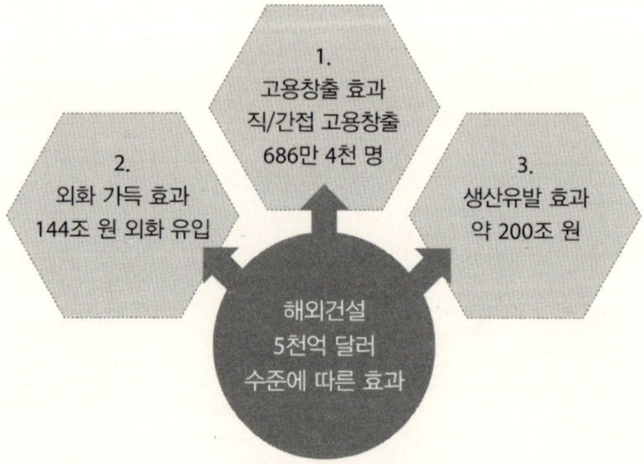


해외건설 누적수주액 5천억 달러의 국민경제 파급 효과

생산유발 효과액만도 200조 원에 달할 만큼 막대하다. 해외건설협회 통계에 따르면 한국업체들이 해외건설 현장에 파견한 국내 인력은 2013년 말 약 2만 4천 명 수준이다. 해외건설이 전 방위 산업으로 확산된 현재는 해외건설 현장에 투입된 인력보다 국내에서 지원하거나 타 산업으로 번진 후방 연쇄 효과로 인해 고용을 유발한 숫자가 훨씬 크다. 해외건설은 국내외적으로 직접 고용 인력은 물론 타 산업에 생산을 유발시켜 간접 고용을 최대한 제고시키는 전·후방을 아우르는 국민경제 역할을 톡톡히 해내고 있다.

국토부가 2012년에 가톨릭대학에 의뢰한 연구에 따르면 해외건설이 국민경제에 미치는 효과로서 10억 원당 고용유발계수가 11.4명으로 국내시장의 14.2명보다 낮게 나타나지만 연구 시점인 2009년도 기준으로 해외매출액 133조 원에서 국내로 유입된 금액만도 45조 원이었고 타 산업에 미친 부가가치 유발액이 24조 원, 그리고 일자리를 만들어준 게 36만 명으로 평가했다. 해외건설을 국가 차원에서 보면 개별기업의 수지를 떠나 고용된 인력의 인건비와 수출된 기자재로 인해 유입되는 비용 등은 손해볼 게 없는 효자 수출 상품인 셈이다.

## 세계 건설 5대 강국에 도전하는 한국건설

반도체나 휴대폰, 조선 등은 한국이 세계시장에서 막강한 경쟁력을 자신 있게 내세울 만한 글로벌 대표 산업들이다. 수출 금액만으로는 건설도 막강한 힘을 발휘할 수 있는 서비스 상품이지만 아직도 한국의 해외건설은 '배가 고픈' 상태다. 건설과 생산과정이 유사한 조선산업이 건설을 벤치마킹하여 태동했지만, 2003년도 이후 세계 조선시장에서 세계 1위를 고수하고 있다. 제자가 스승을 앞지른 셈이다. 건설도 세계 1위에 오르지 말란 법은 없다. 2012년 누적수주액 5천억 달러 기념식에서 정부는 1조 달러 목표에 도전함을 선언했다. 5천억 달러 수주액 달성에 47년이 소요되었지만, 현재의 경쟁력을 이어갈 경우 누적수주액 1조 달러는 2020년 이전에 도달할 수 있다는 예상이 나오는 것도 한국건설에 대한 자신감이 배어 있기 때문이다.

### 불가능을 가능하게 하는 한국건설의 DNA

누적수주액 1조 달러에 도전하는 한국건설이 해외시장에서 가진 힘의 원천은 '위기에 강한' 생존력이다. 1970년대 두세 차례 오일 쇼크와 중동전쟁, 2008년 미국발 세계금융위기 등 위기 때마다 한국의 해외건설은 더욱 더 도전적으로 수주액을 획기적으로 넓혀갔다. 한국의 해외건설 힘은 기업들의 기업가적 도전정신과 기술자들의 근면성과 사업 완공에 대한 충성도 등이 복합적으로 어우러진 결과로부터 확대 재생되고 있다. 더구나 압축성장 과정에서 얻은 경험과 성공과 실패 사례는 해외시장에서 누구도 쉽게 가질 수 없는 경쟁 무기가 되고 있다. 미국 및 유럽 기술자들은 개인주의가 강해 공사 기간의 부담과 불안정한 사회와 맞서는 상황을 기피한다. 기술력이 앞선 일본 기술자들은 사업보다 기업에 대한 충성도가 높아 확실한 이윤이 사전에 확보되지 않으면 한 발을 못 내딛는다. 이에 반해 한국인들은 사업 완공에 대한 충성도가 높고 사업 과정에서 이익을 창출해내는 위기 극복력을 가지고 있다. 불가능함을 가능함으로 바꾸는 'DNA'가 한국건설에 숨어 있는 것이다.

### 차세대 해외건설 상품과 킬러(핵심) 기술 모색

한국의 해외건설이 누적수주액 1조 달러를 넘어 세계 1위국으로 올라서기 위해서는 한국건설을 대표하는 대표 상품과 킬러 기술(핵심 기술)을 무기화할 수 있어야 한다. 해외 건설시장에서 한국이 대표 상품으로 내세울 수 있는 것은 원자력발전소 건설, 고속철도 건설, 스마트하이웨이, 유비쿼터스 신도시 건설, 용수와 발전, 그리고 수변공간을 만들어낼 수 있는 대규모 다목적댐 등이다. 선진기업들의 경우 자국 내에서 건설할 수 있는 사업이 없기 때문에 살아 있는 실적과 검증된 기술을 가지고 있는 한국업체들이 상대적으로 유리하다는 평가다.

완성된 건설 상품만으로는 해외시장을 선점하는 효과가 떨어진다. 완성된 상품을 기획하고 설계에서부터 완공에 이르기까지 필요한 킬러 기술을 반드시 보유해야만 경쟁의 무기로 삼을 수 있다. 원전의 경우 안전 해석과 지진 해석 등은 필수적인 핵심기술이다. 고속철도는 시스템 설계와 차량성능 설계 및 제작 등이 킬러 기술에 해당된다. 스마트하이웨이 건설기술은 정보와 통신기술, 도로와 자동차 인식기술 등이 핵심 기술에 속한다. 한국이 무기로 내세우는 건설 상품에는 반드시 핵심 기술이 따른다. 선진기업들과의 기술 격차는 실제 건설을 통해 완성된 상품을 통해 보일 수 있기 때문에 오히려 국내업체들이 유리할 수 있다는 평가다.

# 6

# 걸어온 길보다 가야 할 길이 많은 한국건설

한국건설이 새로운 기회를
창출하여 생존하고
성장 가능성을 높이는 방법은
화려했던 과거와 단절하는 것이다.

# 더 높은 가능성을 향해 선택의 길목에 선 건설

한국의 건설산업은 일반국민은 물론 건설산업 내부에서 인식하고 있는 것보다 국민경제에서 차지하는 비중이 높다. 한 국가의 건설산업의 위상은 1995년 미국 대통령(빌 클린턴) 직속기구에서 내린 결론과 같이 국가나 국민이 포기 가능한 산업이 절대 될 수 없다. 당장에 중요하지 않다는 인식이나 국가 인프라에 대한 투자가 필요하지 않다는 사고에 기반한 투자기피 혹은 산업에 대한 부정적인 인식의 피해는 국가와 후세가 부담해야 할 국가적인 재앙으로 되돌아오게 되어 있다. 2012년에 미국의 헤리티지재단(Heritage Foundation)이나 브루킹스연구소(Brookings Institute)와 같은 브레인 집단이 향후 미국 국민들에게 가장 큰 피해를 줄 재앙은 9·11테러 집단과 같은 외부침입자가 아닌 노후화된 국가기반시설이라는 주장은 상당히 설득력이 있다. 미국의 저명한 작가인 토머스 프리드먼이 『미국 쇠망론(*That Used To Be US*)』에서 최강국 미국의 세계 경제력 지배 상실의 주원인이 국가기반시설 투자 기피로 인한 부실한 경제 문제를 지적했음도 타산지석으로 삼아야 한다.

한국건설은 해외 건설시장 매출 기준으로 보면 2년 연속 6위권을 유지하고 있다. 국토교통부 평가에 따르면 한국의 건설종합경쟁력은 세계 7위에 속한다. 한국경제의 글로벌 위상이 15위라는 점을 고려하면 놀라운 성과다. 한국건설산업이 오늘에 이르기까지 걸어온 길과 역할, 국민경제에 대한 기여도는 타 산업을 훨씬 뛰어넘을 수 있는 수준이다. 여기까지는 잘 왔다. 과거에 잘해왔다고 현재와 미래에도 잘할 것이라는 예단은 변화된 국내와 글로벌 환경을 고려하면 어렵다. 긍정적인 효과보다는 부정적인 영향이 더 크리라는 짐작이다. 한국건설이 생존하고 성장하여 국민경제 발전에 대한 기여도를 높이기 위해서는 과거와는 전혀 다른 새로운 인식과 전략, 그리고 건설산업의 틀(frame)을 재구축할 필요성이 크다. 다시 말해 당면한 한국 건설산업의 현안에서 벗어나 새로운 기회를 창출하기 위해서는 역설적으로 화려했던 과거와 단절하는 것이 생존과 성장 가능성을 높일 수 있다는 의미다.

# 걸어온 길과는 다른 길로 가야 할 한국건설

국내 건설산업이 처한 현실을 보는 시각은 극명하게 차이가 난다. 전형적인 내빈외화(內賓外華) 현상이다. 한국의 건설산업은 노다지를 캐는 탄광과 같은 황금어장이라는 시각을 가지고 있는 외부 시각과 속빈 강정에 불과하다는 내부 시각이 공존한다. 국내시장은 침체 일로지만 해외시장은 불경기를 모를 만큼 활황이다. 수주액만을 놓고 보면 글로벌 챔피언 기업군에 속하지만 수익성을 따져보면 대출 원금은 고사하고 이자를 감당할 만큼 수익을 내는 기업은 전체의 1/3에 불과할 정도로 열악하다.

한 해 건설투자비가 국내총생산액(GDP)에서 차지하는 비중이 1990년대에는 28.3%(한국은행 국민계정, 2014)까지 도달한 적이 있었다. 하지만 한자리 수를 유지하기도 어려운 게 현실이다. 국가예산에서 사회간접자본 투자비가 한자리 수 이하에 머물 수밖에 없는 것도 복지라는 새로운 수요에 선두를 내줄 수밖에 없게 되었기 때문이다. 건설이 곧 복지라고 아무리 주장해도 국민에게는 설득력이 부족하다. 대학의 건설공학과 졸업생의 취업률이 50% 언저리에 있음에도 현안 방치 시 시장의 수용 여력은 더 떨어질 것이라는 우울한 전망이 우세하다. 도로와 철도, 항만 등 교통시설 재고량이 OECD 평균값에도 못 미치고 있지만 국가재정이 감당할 수 있는 여력은 2008년 이후부터 소진되어버렸다. 세금 증액 없이는 해결이 불가능함에도 정부나 정치권이 앞장서서 해결할 기미는 전혀 보이지 않는다.

부족한 국가기반시설이나 국민의 생활기반에 소요되는 재정을 투자로 보지 않고 비용으로 보는 시각이 강하다. 국가기반시설은 물류체계 역할을 통해 판매가격 혹은 수출상품 가격을 낮추는 투자다. 생활기반인 도시나 주택의 질적 향상은 근로자의 생산성을 향상시켜 가정의 행복은 물론 생산 활동에 활력을 유발시키는 투자다. 이를 비용으로만 인식하면 편협한 주장만을 내세울 가능성이 높다. 정부가 공사 발주를 위해 산정하는 예정가격에 50% 이상 거품이 끼여 있다는 황금알 주장에도 불구하고 현실은 상장 건설기업의 수익으로는 이자를 감당하기도 벅찬 게 현실이다. 국내 건설에 대해 극단적인 시각이 존재함에도 한국건설은 여전히 높은 상품적 가치를 지니고 있음도 부인하기 힘든 것 또한 진실이다.

### 화려했던 과거보다 현재를 보는 국민의 눈높이

국내 건설산업을 대표하는 일간지 『건설경제』가 2013년에 조사한 설문에 따르면 일반국민의 41.3%가 건설에 대해 부정적이라 대답했다. 2005년에 비해 6.7%나 하락했다고 하지만 여전히 부정적인 기류가 많다. 건설을 긍정적으로 보는 52%도 고용과 경제성장 기여도 때문이라는 해석이다. 현재보다 과거 실적을 높이 사고 있다는 인식이다.

부정적인 이미지를 개선하기 위해서는 부정·부패척결을 지목하는 국민이 49.4%나 된다. 다시 말해 한국건설을 부정적으로 보는 시각의 배후에는 부패가 자리잡고 있다. 부패산업으로 보는 것은 건설산업이 가진 특성 때문일 수도 있다는 사실이 간과되고 있는 측면도 있다. 영국 왕립건설협회(CIOB)가 2013년 조사한 설문조사에 따르면 49%의 국민이 영국 건설산업이 부패했다고 응답했다. 건설산업이 국민 생활과 직접적인 연관성을 가지기 때문이라는 특성도 있다. 가까울수록 산업 내부까지 국민이 볼 수 있기 때문이라는 해석도 가능하다. 예를 들어 제약업계에 관행처럼 인식되어온 병원과 의사에 대한 로비가 터질 때마다 이를 전체 제약업계로 보기보다 특정 회사나 특정인의 잘못으로 보도한다. 그러나 건설산업의 경우 개별업체 혹은 비리를 저지른 개인보다 건설업체, 특히 한국건설 전체를 비난 대상으로 삼는 것과는 대조적이다. 건설산업체 수가 9만여 개, 종사자 수가 180만여 명에 이르기 때문에 부정이나 비리에 노출될 빈도가 타 산업에 비해 높을 수밖에 없다. 노출될 때마다 개인이나 개별기업 명칭보다 건설업체라는 포괄적 단어를 사용함으로써 산업 전체가 같은 부류에 속해 있다는 개연성을 높인다. 즉, 확률은 낮지만 빈도수가 높기 때문에 감내해야 하는 속성을 가지고 있다. 참고로 2011년에 한국반부패정책학회가 조사한 바에 따르면 일반국민의 절대다수인 87.5%가 한국사회는 부패했다고 응답했다고 한다. 비록 건설산업에서 발생한 부패 빈도에 비해 확률은 10% 미만이라고 주장하지만 우리 국민이 가진 부패에 대한 잣대가 상당히 엄격해졌기 때문에 이를 넘을 수 있는 대응책이 필요함을 시사하고 있다.

부정적인 시각에도 불구하고 개인이나 동종업계의 혜택에 대해서는 너무나 관대한 것도 건설산업이다. 간선도로보다 동네 골목길 개선이나 정비, 지하철노선 신설에는 무관심하면서도 거주지 인근에 지하철 역사가 들어서는 것은 적극 환영하는 상반된 반응은 주위에서 흔히 볼 수 있는 현상이다. 전기를 싼값에 사용하면서도 원료가 싼 원자력발전소 건설에는 반대하는 것도 같은 해석이다. 세금 증액에는 반대하면서도 고속도로 통행료 인상에는 적극 반대하는 것도 이런 맥락이다. 2013년에 한국도로공사의 부채액이 26조 원을 넘겼지만 이를 해결할 수 있는 수단은 통행료 인상이나 세율 인상밖에 없음에도 불구하고 이를 무시하는 게 우리나라 지도자들의 일반적인 행태다. 우리 시대의 현안 해결을 기피하여 후대에게 짐을 지우려는 것은 전형적인 님트(not in my term) 현상의 대표적인 사례다. 문제는 이런 행태가 건설산업의 이미지를 부도

덕하게 하는 원인 중 하나임을 알고 있음에도 한국건설은 이를 외면하고 있다. 부정적 이미지를 해결하려는 주도세력이나 오너십이 보이지 않는 것은 미래를 어둡게 하는 요인으로 작용하고 있다.

### 건설인이 건설을 부정하는 모순

일반국민의 상당수가 한국건설을 부정적으로 보는 것과 맥을 같이 하는 게 건설산업 내부에서 건설을 보는 인식이다. 2003년 대한토목학회가 회원을 대상으로 설문조사한 인식조사에 따르면, 기술자의 60%가 건설을 부정적으로 보고 있다. 부정적인 원인으로 부실시공, 비리와 열악한 근무 환경을 꼽았다. 건설산업 종사자가 자신의 일자리를 부정적으로 보는데 제3자의 시각이 이와 반대로 나타날 가능성이 낮은 것은 당연하다.

한국건설에 대한 부정적인 시각과 함께 산업에서 주요한 역할을 하는 건설산업의 문제점으로 지적되는 것이 미래에 대한 부정적인 시각이다. 최근에 나타나고 있는 국가재정 삭감과 공공기관의 발주물량 감소, 주택·부동산 시장의 침체로 건설투자시장 감소와 무관하지 않아 보인다. 압축경제 성장 과정에서 필연적으로 발생한 단기간 내 대량 물량 소화와 성장 중심의 시장 분위기에 익숙해진 탓에 산업 스스로의 시장 창출 역량의 실종과도 무관하지 않다. 활력과 미래 시장에 대한 기업가적 도전정신이 실종되어 스스로를 부정하는 패배주의가 지배하고 있는 것이 한국 건설산업 내부에서 해결해야 할 시급한 과제다. 내부에 만연된 패배주의 분위기 반전 없이는 한국건설이 새로운 활력을 발굴하기 어려울 것이라는 점에서 반드시 한국건설이 미래 생존과 성장을 위해 해결해야 할 과제임에 틀림없다.

## 한국건설에 긍정적인 세계의 시각

한국건설이 1961년 경제개발5개년계획 이후부터 현재까지 쌓은 국가기반시설 공급 실적은 세계에서 가장 짧은 시간에 가장 많고 다양한 건설 상품을 생산한 실적을 통해 얻은 내재적 가치다. 가장 최근에 보여줄 수 있는 가시적 건설 상품을 한국과 같이 다양하게 보여줄 수 있는 국가는 없다. 첨단기술을 요하는 원자력발전소 건설에서부터 세계에서 조류가 가장 심하고 수심이 깊은 곳에 건설한 해저침매터널 건설은 지구상 어떤 기후조건에서도 한국건설이 감당할 수 있는 역량을 보여주는 실증된 기술과 가시적 상품성을 보유하고 있다.

한국건설이 국가기간산업으로의 역할을 감당할 수 있게 한 건설산업과 기술정책, 거시적인 경제성장 정책도 신흥국들에게는 훌륭한 벤치마킹 대상이다. 신흥국 국가건설 정책에 벤치마킹이 될 수 있다는 의미는 해당 국가와 한국 정부 간의 협력이 가능함을 뜻한다. 국가 간의 협력은 곧 산업과의 협력으로 이어질 수 있다. 따라서 한국건설이 가진 과거 50년간의 경험을 재구성하여 신흥국의 수준에 따라 벤치마킹의 눈높이를 겨냥한 맞춤식의 경험의 재구성 시나리오 개발이 필요하다. 한국건설 경험의 재구성은 신흥국의 국가건설과 인프라 정책에 상당한 상품성을 지닌 잠재력이 내재되어 있다.

한국건설이 1965년 타이 진출 이후 2013년에 누적수주액 6천억 달러를 달성함으로써 얻어진 해외시장의 가치도 재평가되어야 할 만큼 독특하다. 한국건설에 대한 해외발주기관의 눈높이는 전반적으로 타국에 비해 양호하다. 보유한 기술력은 선진기업에 비해 차이가 없는 데 반해 생산가격은 낮기 때문에 한국기업을 선호한다. 한국기업에 대한 선호도는 낮은 가격보다 한국기업들의 사업에 대한 충성도 혹은 성실성 때문이라는 분석도 있다. 미국이나 일본 등 선진기업에 비해 계약 이후 공사 준공에 대한 실행력이 철저하다는 평가다. 선진기업일수록 사업에 대한 충성도보다 기업에 대한 충성도가 더 높다. 이런 차이점 때문에 잦은 마찰이 불가피함에도 불구하고 한국기업의 경우 회사 이익보다 사업 완수를 더 중시한다는 평가다. 해외 발주기관들의 선호도가 높은 이유를 분명하게 설명해주고 있다. 국내업체들이 완공한 목적물의 안전이나 성능, 그리고 품질 등도 양호하다. 준공 후 사용기간 중에도 별다른 문제점이 크게 지적되지 않는 사실도 해외 주요 발주기관들이 한국건설에 높은 점수를 주는 결과로 이어진다.

# 우리가 모르는
# 한국건설의 내재 가치 재평가

건설산업은 타 산업과 달리 국가가 포기할 수 없는 기반산업이다. 국가는 물론 건설산업 스스로도 내재적 가치를 상품화해 국민경제 가치를 높이는 방향으로 당연히 들어서야 한다. 낙후산업이라는 인식으로 국가나 산업이 방치할 경우 그 피해는 결과적으로 사용자인 국민과 생활경제로 피해가 전가될 수밖에 없다는 사실을 직시해야 한다. 1995년에 미국 대통령 직속기구인 국가과학기술위원회에서 발표한 '국가건설목표(national construction goal)'나 1998년 영국 이건(Egan) 경이 발표한 '건설재인식(rethinking construction)' 등의 공통점도 건설산업에 내재된 가치 혁신을 통해 건설을 국민경제와 국가경쟁력에 보탬을 주려는 데 제일 큰 목표를 뒀다. 이제 한국도 건설산업의 내재적 가치에 대한 재평가를 통해 국민경제를 성장 동력화할 방안을 찾아야 할 때다.

### 한국건설 인프라의 내재적 가치

한 국가의 건설산업을 지탱하는 인프라는 크게 네 부문으로 분류할 수 있다. 국가 건설정책과 제도, 수요와 공급 구조에 결정적인 영향을 미치는 산업부문이 첫째 분류다. 둘째 분류는 주택이나 도시, 도로와 철도 등 수요 기반인 인프라 수요, 즉 시장 부문이다. 셋째는 수요자와 서비스 공급자를 연결시키는 거래방식 부문이다. 넷째는 산업과 시장, 그리고 거래방식을 가능하게 만드는 서비스 공급 기반 인프라 부문이다.

국가의 건설산업 정책과 법·제도는 수요자와 공급자의 구조를 결정짓고 또 건설산업의 위상을 결정하는 주요한 수단이다. 국가기반시설이 빈약하거나 경제발전 수준이 낮은 국가일수록 건설산업은 공급 중심의 정책 성격이 강하다. 반대로 경제가 발달한 국가일수록 국민생활의 건강과 안전을 중시하는 유지관리 부문의 정책 비중이 높아진다. 건설산업 정책에 따라 발주자와 산업의 역할분담이 결정된다. 산업에서 주요한 의미를 가지는 건설계획과 관리, 종합건설과 전문건설, 엔지니어링과 건축설계 등 생산 주체가 달라지기도 한다. 산업 정책에 따라 산업의 속성도 달라지지만 면허제나 등록제 등의 정책에 따라 공급 및 생산 구조, 그리고 산업체 수가 달라지기도 한다. 무에서 유를 창조할 만큼 밑바닥에서 현재까지 올라오는 과정에서 얻은 건설정책과 제도·법의 경험 가치는 어느 나라도 경험하기 힘들 만큼 독특하다.

시장은 국가 인프라와 국가재정 여력에 따라 상당한 차이가 나타난다. 발전소와 주택, 도로 등과 같이 국가의 경제성장을 위해 후방 지원 역할을 해야 하는 사회간접시설 등과 국가재정부담 수요와 오피스빌딩과 유통시설, 병원과 체육시설 등 수요자 눈높이에 맞는 상품을 공급하는 민간시설 수요 등으로 나뉜다. 한국건설의 경험적 가치는 주로 국가재정 주도의 사회간접시설에 초점이 맞춰져 있었다. 이런 이유 때문에 자본주의 경제체계와 달리 공공시장 경쟁 부문에서는 정부 주도의 물량배분 정책이 앞섰다는 점을 부인하기 어렵다. 시장 경쟁논리보다 공익성을 더 중시했기 때문이다. 한국건설 시장의 내재적 가치는 경제 성장과정에서 정부재정이 어떤 부문에서 얼마만큼의 역할을 해왔는지가 상당한 경험적 가치가 있다. 비록 만족할 만한 수준에는 못 미치지만 2013년 말 현재, 국가 및 공공부채율이 64.5%라는 점은 막대한 투자를 필요로 하는 신흥국가들에게는 시장 정책이 상당한 매력을 지닌 내재적 가치임엔 틀림없다.

한국의 공공공사 거래제도는 비록 국내에서는 제대로 된 평가를 못 받지만 신흥국들에게는 좋은 벤치마킹이 될 수 있는 상품이다. 경제개발 과정에서 필연적으로 발생하는 거래과정에서의 부정·비리를 저감시키는 수단과 방법이 공공공사의 거래제도에 숨어 있기 때문이다. 해외시장에서 풍부한 경험을 갖춘 국내 건설의 눈높이에는 못 미치고 있지만 신흥국 공공발주기관에게는 한국의 공공공사 거래제도 경험의 재구성이 훌륭한 벤치마킹이 될 수 있는 상품적 가치로 평가받을 만하다.

21세기 기적으로 불릴 만큼 급성장한 한국경제의 후방에는 건설산업이 있었다. 건설산업을 지탱하는 밑바탕에는 발주자와 민간사업자, 인재양성을 책임진 교육기관, 국가나 산업체에 각종 아이디어와 자문을 제공하는 연구그룹, 시장을 감시하는 감사 및 시민단체 등, 4개 그룹이 있었기에 가능했다. 국제적으로 높아진 위상을 갖춘 한국 건설산업을 지탱하는 서비스 공급 인프라 그룹의 구성과 역할 분담, 그리고 양적·질적 완성도는 신흥국 건설 인프라 구축에 상당한 도움을 줄 수 있는 잠재적 가치를 지니고 있다.

### 내수시장의 내재적 가치

한국은 과거 50년 동안 도로와 항만, 공항 등 교통시설과 발전소와 댐과 같이 주로 공공재정에 의한 사회간접시설을 공급해왔다. 공공기반시설은 충분하지 못하지만 상당한 재고량(stock)을 보유하고 있다. 전기공급량이 국민과 산업이 고통을 분담해야 할 정도로 충분하지 않다거나 2008년에는 교통혼잡 비용이 연간 약 27조 원(국토교통부, 2012)에 이를 만큼 도로 확충 수요가 있다. 신흥국들에게는 공공 인프라 건설 경험이 주요한 상품성을 지니지만, 국내 건설산업의 기대 값을 충족시키기에는 국가재정 여력 부족이 예상보다 심각한 수준이다.

내수시장에서 공공재정의 역할은 수요 한계에 도달해 있다. 하지만 민간자본에 의한 민간시장은 경험과 수요, 공급이 부족했다는 점에서는 국내 건설시장의 잠재 가치를 높여주는 상품성을 가지고 있다. 지금까지 한국건설시장에서 민간시장의 역할은 주로 아파트로 대변되는 공동주택의 대량공급이 중심 시장을 형성해왔다. 그러나 선진국 시장을 보면 공공재 성격보다 미술관이나 문화시설, 관광시설물 등과 같이 민간자본에 의한 랜드마크성 상품이 많다는 점에서 또 다른 가능성을 기대할 수 있다. 프랑스 파리의 에펠탑이나 스페인 빌바오 시의 구겐하임미술관과 같은 문화상품은 공급이 수요를 창출하는 대표적인 건설 상품이다. 민간자본이 문화와 관광 상품을 만들어낼 수 있는 시장 창출 가능성이 높다는 점에서 건설의 내수시장을 밝게 해주는 부문이다. 공급이 수요를 창출하는 상품을 필요로 하는 눈높이에 와 있다는 점에서 한국건설의 내재적 가치를 밝게 해준다.

### 세계 시장에 내재된 한국건설의 가치

세계 건설시장은 단일 산업이라는 측면으로 보면 현재는 물론 미래에도 무한한 잠재력을 지닌 시장이다. 국제적인 지명도를 가진 건설투자시장 전망기관인 미국의 '글로벌 인사이트(global insight)'나 영국의 '옥스퍼드 이코노믹스(oxford economics)' 등에 따르면 총액 기준은 전 세계 국내총생산액(GDP)의 10%가 건설투자시장이다. 세계적인 컨설팅기관인 미국의 맥킨지(McKinsey)가 2013년 12월 초에 뉴욕에서 발표한 자료에 따르면 세계경제가 지속적으로 성장하기 위해서는 2030년까지 최소 57조 달러가 인프라 시설에 투자가 이뤄져야 한다고 주장할 만큼 건설산업이 모든 경제 활동의 기반임을 다시 한 번 확인시켜주었다.

보편적인 시각에서 보면 한국건설이 해외시장에 도전 가능한 시장 규모는 전 세계 건설시장의 7~8%에 해당하는 국제입찰 대상 사업이다. 하지만 현지 법인 설립이나 현지 기업 인수 등을 통해 도전 가능한 시장은 거의 무한대라고 볼 수 있다. 한국의 해외건설시장 규모는 신규 수주액 기준으로 최근 4년간 평균 금액이 달러 기준으로 652억 달러를 넘는다. 2000~2009년 사이 평균값의 3.4배이며 1990~1999년 평균값의 9.1배를 넘길 만큼 상승세를 유지하고 있다. 더구나 국토교통부가 수립한 목표는 2017년부터 매년 평균 수주액 1천억 달러 이상를 목표로 하고 있다. 한국건설이 해외시장에서 차지하는 비중이 전체는 아니지만 매출액 기준 세계 최강기업 250개 사가 2013년도에 달성한 해외매출액 가운데 7.8%를 차지할 만큼 막강하다. 이 비중을 보수적으로 추정하더라도 전 세계 건설투자시장에서 3%를 점유한다고 하면 한국의 어떤 산업보다도 더 큰 시장을 만들어낼 수 있는 잠재력을 지니고 있다. 현지 법인화와 인수·합병을 통해 시장을 만들어낼 경우 경제적인 규모는 상상을 초월할 만큼 크다. 한국건설에 내재된 잠재력은 시장의 크기보다 보유한 경험의 가치를 어떻게 상품화하느냐에 따라 좌우된다. 제조업이 수요시장의 한계에 좌우되는 것과 비교해 한국건설은 훨씬 유리한 위치에 있다.

### 통일한반도 인프라 건설시장의 내재 가치

헌법 제1장 제3조는 대한민국의 영토 범위를 도서를 포함한 한반도 전체로 명시했다. 대한민국 국토에 내재된 인프라 시장의 잠재력을 정확하게 예측하기 힘들다. 지속적인 경제성장으로 일관해온 남한의 국토와 인프라는 상당한 수준에 와 있다. 2011년 기준 개인소득 차이가 20배 가까이 나는 남·북한의 경제력 차이는 북한 지역의 인프라가 낙후되어 있음을 짐작할 수 있다. 1990년 베를린 장벽 붕괴 이후 20년간 경제력과 인프라 격차를 해소하기 위해 투입된 비용만도 1조 3천억 유로라고 한다. 이 중에서 인프라 격차를 줄이기 위해 투입된 비용만도 50%를 차지했다. 천문학적인 1.3조 유로(약 1,900조 원)를 투입했지만 교통망 확충은 당초 계획대비 70% 수준에 머물고 있다고 한다. 교통망 확충에만 1,560억 유로(약 218조 원)가 향후 2019년까지 더 투입될 예정이라고 한다. 통독 이전 동독보다 경제와 인프라 환경이 더 열악한 북한 인프라 구축은 지금 시점에서 가능하기조차 힘들 정도로 열악한 것이 사실이다.

제1차 경제개발5개년계획이 집행되기 시작한 1961년부터 2012년 현재 남한의 국가기반시설을 갖추는 데 투자된 금액은

5,000조 원 수준이다. 과거 50년간 2012년 화폐가치로 환산하면 매년 평균 100조 원이 건설에 투자되었다는 계산이다. 다만 남북한 인프라 격차를 해소하는 데 소요되는 기간을 50년으로 할 것인지에 따라 연간 필요한 투자금액이 산정될 수 있다. 이 경우에도 우리가 보유하고 있는 2012년 현재 남한이 보유하고 있는 재고량을 '100'으로 볼 것인지 아니면 OECD 평균 재고량을 '100'으로 볼 것인지에 따라 상당한 금액이 차이가 날 수밖에 없다. 한국건설이 한반도의 반쪽인 남한지역 인프라 건설시장에서 과거 50년 동안 생존하고 성장해온 점을 고려하면 북한 지역 인프라 재구축 시장도 최소 50년 이상은 한국건설에 내수기반 시장을 충분히 지속가능하게 만들어줄 것이라는 예상도 가능하다.

한반도 통일은 북한지역 인프라 재구축 시장 제공을 넘어 글로벌 아시아 교통망 네트워크 구축이라는 또 다른 가능성을 제공해준다. 러시아를 넘어 유럽과 아프리카까지 육로 연결이 가능한 TSR 철도 구축은 물론 중국과 아시아를 연결하는 TCR 철도 구축도 시장의 잠재 성장 가치를 높여준다. 철도뿐만 아니라 유엔경제개발기구에서 제시하고 있는 'Asian Highway' 도로망 구축도 본격적인 궤도 진입이 가능하다. 글로벌 아시아네트워크 구축의 일환으로 북한 황해도와 중국 산둥반도를 해저터널로 연결하는 교통 및 진출입구 도시개발 사업도 시장 무한대의 잠재력을 가지고 있다. 중국과 아시아, 유럽으로 오가는 교통 및 물류체계에 획기적인 변화를 가져오게 될 것으로 예상되는 시장이다. 북한지역 인프라 구축뿐만 아니라 한반도 전체를 아우르는 국토균형 발전 차원에서 다뤄질 생산단지 변화도 한국건설산업에 예상하지 못했던 시장 기회를 제공하게 될 것으로 예측된다.

# 7

# 한국건설의
# 희망이 보이다

건설산업에 노출된 장벽은

건설산업 스스로 극복해야 하며,

회피하면서 시간을 끌기보다

정면으로 돌파하는 의지와 전략이 필요하다.

# 잊혀진 건설의 가치를 되살리기 위한 길

한국건설의 오늘이 과거에 화려했던 국민경제 가치를 잃어버린 사양산업으로 폄하되고 있는 게 현실이다. 한국건설에 내재된 잠재력은 무한대로 시장을 만들어낼 수 있음에도 불구하고 회생이 불가능한 것으로 오인되고 있다. 한국건설만이 가진 고유한 상품성이 있음에도 불구하고 부정적인 이미지에 가려져 한없이 움츠려든 상태다.

한국건설이 화려했던 과거의 공헌에서 벗어나 지속가능한 성장을 위해서는 변해버린 국내외 산업환경에 적극적으로 대응해가야 한다. 현재와 미래는 '강한 자가 살아남는다'에서 '살아남는 자가 강한 자'라는 환경으로 변했다. 한국건설에 내재된 가치를 시장에서 상품화시키기 위해서는 과거에 답습했던 관행의 틀에서 완전히 벗어나 전혀 새로운 틀(frame)을 구축해야 한다. 한국건설이 부정적인 인식에도 불구하고 내재된 가치는 국민경제 성장에 기여하고 젊은 세대들에게 일자리를 제공할 수 있는 상품적 가치를 창출하기에 충분하다. 내재된 가치를 방치함으로써 입을 국가적 손실보다 글로벌 건설시장에서 상품화로 연결 시 국민경제를 한 단계 더 높게 끌어올릴 수 있는 국가 이익이 훨씬 크기 때문이다. 건설의 가치를 건설산업 스스로 부정하는 분위기에 머물기보다 이를 시장 상품화하는 데 건설이 앞장서서 분위기를 만들어가야 한다.

### 건설정책과 법·제도는 세계와 소통하라

한국 건설산업의 정책과 법 · 제도는 정부주도의 내수시장 규제에 무게중심을 두어왔다. 정책의 기본 틀은 부족한 인프라 공급과 생산구조 관리 중심으로 법과 제도가 만들어지고 운영되어왔다. 국내시장과 물량 공급자 중심으로 짜여진 정책과 제도는 자연스럽게 생산성보다 물량배분을 위한 기회균등과 획일적인 규제를 양산했다. 더구나 전통적인 토목 · 건축과 설비, 플랜트와 발전소 등 정부조직에 맞춰 법과 제도가 제정됨에 따라 규제가 양산되는 것을 당연시했다. 정부는 물론 생산업체 스스로 필요에 따라 규제를 양산해내는 포지티브시스템에 익숙해졌다. 새로운 일보다 과거에 했던 관행을 중시했고 과거 관행에 익숙한 관료적인 사고를 만들어냈다. 자연스럽게 국내 제도에 익숙한 업체가 해외시장에서 역량을 제대로 발휘하지 못하는 부정적 효과를 낳게 만든 것이다. 내수시장이 고갈되어도 해외시장으로 진출이 가능한 업체가 1%에도 미치지 못하는 원인을 제공하고 있는 셈이다.

건설산업이 국민들에게 부정적 이미지를 심게 만드는 부정과 비리 등이 쉽게 근절되지 못하는 이유도 분산된 법(예, 건설산업기본법, 공정거래법, 국토의 계획 및 이용에 관한 법률, 건설기술관리법 등)에 의한 중복처벌이 과도하기 때문이라는 주장도 설득력이 있다. 과도한 법은 실효성을 상실하게 만든다. 단일화시키되 처벌은 엄격하게 하는 정도의 정책 길로 들어서야 한다. 해외건설 경쟁에서 담합이 어려운 것도 담합 시 시장에서 퇴출되는 것을 당연하게 받아들이는 게 글로벌 스탠다드이기 때문이다. 존재하지만 실효성이 없는 법과 제도는 유지할 필요가 없게 만들어야 한다.

세계 시장에서 경쟁하기 위해서는 생산업체에게 글로벌 역량을 갖추도록 유도하고 주문할 수밖에 없다. 생산업체는 발주자 눈높이를 맞춰야 생존이 가능하다. 고갈된 내수시장과 관습화된 발주자의 눈높이를 무한경쟁을 요구하는 해외시장 수요자의 눈높이를 따라가게 하기 위해서는 정책과 법·제도를 글로벌화해야 한다. 즉, 법과 제도를 포지티브 제도(예외적으로만 허용하는 '예외적 허용원칙')에서 네거티브제(기본적으로 허용하고 예외적으로 불허하는 '예외적 불허원칙')로 전환해야 한다. 세계 시장과 호환성이 없거나 선진국의 법과 제도와 비교할 수 없는 한국만의 고유한 법과 제도는 통합하거나 폐지하는 게 바람직하다.

과거에 정부가 산업을 육성하기 위해 필요한 법과 제도, 그리고 정책을 양산했다면 이제는 산업이 스스로 자생력을 키워가도록 직접 지원에서 간접 지원으로 정책의 방향을 바꿀 때가 왔다. 정부가 목표하는 2017년 이후의 시장은 해외 건설시장이 국내 건설시장의 규모보다 커질 가능성이 높다. 국내 중심의 법과 제도로는 한국건설의 내재적 가치를 세계 시장으로 연결시킬 수 있는 가능성이 별로 없다. 한국의 글로벌 챔피언 산업으로 자리매김한 IT나 조선, 자동차산업 등은 시장 규제에 의해 성장했다기보다 글로벌 시장과 지원정책을 통해 스스로 자생했다. 시장의 밑바닥에서 출발했지만 지금은 세계가 부러워하는 한국의 대표산업으로 자리매김한 것이다. 이러한 사실은 건설산업에 대한 국가정책과 전략, 그리고 법·제도를 글로벌화시키는 속도와 범위가 클수록 한국건설도 한국의 글로벌 챔피언 산업으로 올라설 수 있는 시간도 더 빨라질 수 있다는 확신을 갖게 한다.

### 기술과 생산성 기반의 인적자원 활용 시스템을 구축하라

한국건설산업은 생산단계(예: 사업기획 및 관리, 설계 · 엔지니어링, 발주 및 계약, 시공, 유지관리 등)의 역할 구분과 도로와 철도, 공항과 건축 등 건설 상품별, 그리고 설비와 전기 · 통신, 소방 등 개별 공종별 법과 제도가 분산되어 있다. 분산된 법에 따라 생산구조도 파편화로 갈 수밖에 없는 구조다. 하지만 생산주체는 분산되어 있지만 학교 교육은 통합되어 있다. 이것은 산업, 그리고 학교 교육 상호간에 엇박자를 만들어놓았다. 수요자와 공급자 사이의 간격이 너무 벌어져 있으며, 설계와 시공 등 사업 단계별 분산은 배타적 업역과 함께 전문기술자격도 분리시켰다. 생산업체가 공법을 결정하기보다 설계용역기관이 공법을 결정하고 생산가격을 구매자가 결정하는 모순점을 가지고 있다. 국내 건설시장에서 기술자의 전문성보다 입찰자의 운과 영업력이 더 중시되는 기술부재 현상을 만들었다. 기술자는 입찰서류용이라는 극한 용어까지 등장할 정도다. 예정가격을 산정하는 방식이 기술을 기반으로 한 생산성 경쟁보다 입찰 요령에 의해 좌우되는 극단적인 운에 좌우되는 모습으로 전락해버렸다. 기술을 기반으로 한 생산성 경쟁에 익숙하지 않은 기업이 해외시장에서 고전하는 건 너무나 당연한 결과다.

해외건설 시장에서 선두그룹에 속한 국내 기업들의 역할이 사업기획과 금융공학, 계획 및 관리, 공종 패키지별 간섭사항 조정·관리 등 기술 외적인 비중이 커져 있음에도 불구하고 생산기술은 물론 건설의 소프트 역량까지 부족한 현실로는 글로벌 시장에서 생존하기 어렵다. 2013년 OECD에서 비교 평가한 한국의 재교육 투자 수준은 하위권에 속하는 것으로 나타났지만, 한국이 소화해야 할 사업의 속성은 고급전문기술과 기술기획을 필요로 한다는 점에서 심각한 불일치 현상을 나타낸 것으로 조사되었다. 기술자와 전문기술 활용 부재 현상의 지속은 결과적으로 한국건설을 지금보다 훨씬 더 후퇴시킬 가능성이 높다.

한국건설이 글로벌 시장에서 한 단계 성숙하기 위해서는 기술자와 전문기술의 활용구조를 혁신적으로 개편하는 방향으로 가야 한다. 인구구조는 고령화되고 있는데 기술자는 50대 초반을 정년으로 시장에서 퇴출시키는 전문기술과 숙련된 기술자 활용 부재로는 전문기술의 완성도와 숙련도를 갖춘 선진국 기업들과의 경쟁에서 이길 수 없는 것은 너무나 당연하다. 기술자 활용 구조를 개편하여 전문기술을 적극적으로 확대하기 위해서는 기술자 활용 구조, 전문기술을 생산성 기반 중심으로 전환하는 새로운 틀이 필요하다. 내수시장의 잉여 인력을 절대 부족에 시달리는 해외시장 인력 수요를 맞추기 위해서는 기술자 활용 및 전문기술 양성체계를 전면적으로 재구성해야 하는 당위성은 충분하다.

### 민간자본에 의한 민간시장 활성화는 필연적이다

어느 한 국가의 건설산업은 국가와 국민이 생존하기 위해서는 포기가 불가능한 절대적인 산업이다. 현재까지 한국건설은 공공재정과 정부 주도 정책에 의존해왔음은 부인하기 어렵다. 국민의 세금으로 만들어진 공공재정과 국민의 버팀목인 정부의 책임은 생산성과 효율성을 희생해서라도 물량을 균등 배분하는 데 무게중심을 둘 수밖에 없었음을 인정할 수밖에 없었다. 하지만 부족한 공공 인프라 공급과 산업의 가치 제고와 국민의 일자리 창출을 위해서는 공공재정과 정부 역할의 한계를 인식해야 할 시기에 와 있다.

국가 인프라 공급을 마치 복지 수요로 대치할 수밖에 없다는 일부의 주장은 정치적인 포퓰리즘에 지나지 않는다. 국가기반시설의 양적·질적 계량 값을 자신의 눈높이로 판단하는 주관적이거나 절대적인 잣대는 국민경제의 덫으로 돌아오게 되어 있다. 우리의 국가 인프라 보유량 혹은 재고량은 계량적 비교를 통해서도 나타나지만 한국의 국가 인프라는 충분하지 않다. 이 점은 기획재정부가 2013년 4월에 발표했던 향후 국가재정운용계획 설명회에서도 분명하게 나타나 있다. 다만 공급의 우선순위가 재정 여력에 큰 영향을 받을 뿐이다. 건설 투자비 삭감의 진원지는 국가재정 여력 소진에 있다. 2014년도 정부 재정에서 복지비가 차지하는 비중이 29.6%인 데 비해 사회간접자본 인프라 부문 배정은 6.5%에 불과하다. 수요가 없기 때문이라기보다 재정 여력 부족 때문이다. 공공재정의 여력은 정부가 국가부채비율 확대 정책을 펴지 않는 한 회복이 불가능하다. 부족한 인프라 공급과 함께 민간에 의한 창조적 건설 상품을 만들어내기 위해서는 부족한 공공재정에 대한 대체 정책을 수립해야 할 시기로 판단된다.

정부 재정 여력 부족은 민간자본으로 대체해야 하고 민간상품 개발을 통해 국민에게 일자리 제공과 국부를 창출해야 한다. 민간자본을 시장으로 유입하기 위해서는 건설에 대한 이미지보다 자본에 대한 본질적인 속성을 이해해야 한다. 자본은 이익이 확실한 곳으로 이동한다. 부족한 공공재를 대체하는 민간자본을 배타적인 시각으로 경원시해서는 유인할 수 없다. '공공재=세금=무료'라는 인식을 근본적으로 변화시켜야 한다. 민간자본 유입을 촉진하기 위해서는 '수요자 부담 원칙'의 정책과 제도를 만들어야 한다. 낮은 통행료나 전기료를 국민복지 차원으로 보는 시각은 후대가 부담해야 할 세금을 지금 세대가 누리자는 이기심에 불과하다. 민간자본의 이동은 '소품종·대량' 공급보다 '다품종·소량' 공급으로 흐른다. 획일적인 도로나 교량, 공공청사보다 유일(unique), 최초(first), 최고(best) 등 차별화된 상품 개발로 경제적 부가가치를 창출한다. 따라서 민간자본이 건설시장으로 유입될 수 있는 기반 환경 조성을 위해서는 공공재정과 정부 중심제도에서 민간자본과 민간시장 창출을 촉진시킬 수 있는 정책과 제도로 전환되어야 한다.

건설 상품에 대한 시각도 변해야 한다. 전 세계적인 이목을 집중시키고 있는 한류를 정작 한국에서는 제대로 펼칠 공간이 부족하거나 급증하는 세계 마이스(MICE)* 산업의 거대화를 수용할 수 있는 물리적 공간이 부족한 것도 민간재정이 해결하도록 지원책을

* MICE는 기업회의(Meeting), 포상관광(Incentive trip), 컨벤션(Convention), 전시박람회와 이벤트(Exhibition&Event) 등의 앞 글자를 딴 말로, 좁은 의미에서 국제회의와 전시회를 주축으로 한 유망 산업을 뜻하며, 광의적 개념으로 참여자 중심의 보상관광과 메가 이벤트 등을 포함한 융·복합산업을 뜻한다. 마이스는 '다보스포럼=스위스의 작은 마을 다보스'와 같이 도시 브랜드 각인과 지역경제 활성화는 물론 일자리 창출과 부가가치 유발을 가져온다는 점에서 '굴뚝 없는 황금산업'으로 불린다. 싱가포르와 홍콩 등의 국가는 오래전부터 각종 국제회의와 기업 인센티브 여행, 대규모 컨벤션과 국제전시회를 합해 하나의 산업으로 육성해오고 있다.

펼쳐야 한다. 건설 상품이 문화나 관광 상품, 의료와 스포츠 상품, 거대과학단지 상품으로 연결되도록 해야 한다. 건설이 건설의 고유 목적에서 이미 벗어나 있음에도 불구하고 여전히 건설산업이라는 울타리 안에 머물게 해서는 한국 건설산업의 내재적 가치마저 상실될 위기로 끝날 수 있다.

## 경제 영토를 세계로 넓혀야 산다

세계 건설시장은 무한대다. 한국 건설산업에 내재된 가치는 지구촌을 한국건설의 경제 영토화시킬 가능성을 충분히 지니고 있다. 18~19세기 작은 나라 포르투갈이나 영국이 해가 지지 않는 국가라 불릴 만큼 영토가 넓었던 것은 국가 전략과 국력이 있었기에 가능했다. 한국건설이 보유한 경험과 실증된 기술과 가시적 상품은 전 세계 건설시장을 한국건설의 영토로 만들기에 충분하다. 문제는 국가 차원의 정책과 전략이 뒷받침되어야 한다. '한국을 위해 한국에 의한 한국건설'만으로는 건설의 영토를 세계화시키기가 불가능하다. 국가정책과 제도가 글로벌화되어야 하는 것과 맥을 같이한다. 미국이나 영국 등의 국제시장 전망기관들이 예측하는 2020년 건설투자시장의 규모는 15조 달러 내외다. 이 중에서 약 10%인 1.5조 달러가 국제입찰 대상인데 2012년 실적과 같이 한국건설이 최소 5%만을 차지하더라도 연간 매출액이 750억 달러에 달할 만큼 막대하다. 한국건설의 경제 영토를 세계로 넓힌다는 뜻은 국제입찰 대상인 10% 시장에서 전체 시장 크기인 15조 달러로 경쟁 무대가 넓어짐을 의미하는 것이다.

### 정부와 공공기관의 역할은 변해야 한다

전통적으로 한국의 건설산업은 정부 재정과 정책 주도에 의해 유지되어왔다. 건설 정책은 언제나 정부 재정이 주도하는 부족한 물량 공급을 채우기로 일관해왔다. 부족한 인프라 공급시장에서 정부 역할을 대행하기 위해 건설 중심의 공공기관을 설립하여 집행 기능을 위탁해왔다. 공공재정에 의한 물량 공급 대행기관의 역할은 재정 여력과 공급 물량 여력 소진에 따라 재정립되어야 할 시기에 와 있다.

건설 중심의 공공기관 역할은 운영수입보다 공급에 필요한 재원 확보, 즉 수입보다 지출에 경영 역량을 집중할 수밖에 없었다. 한국의 국가재정 정책 핵심은 국내총생산액(GDP) 대비 국가부채비율을 35% 내외를 넘기지 않는 데 두고 있다. 세입·세출 균형을 맞추기 위해서는 세출을 줄일 수밖에 없다. 정부의 재정 정책과 달리 공공기관의 부채가 정부 부채액을 초과하기 시작했다. 국내한 민간연구소 분석에 따르면 한국의 공공부채액이 정부 부채액을 초월한 세계 최하위권으로 나타났을 만큼 심각하다. 2012년 말 기준 LH공사(부채액 138조 원), 한국도로공사(부채액 25조 원), 한국전력공사그룹(95조 원) 등의 총 부채액은 566조 원은 중앙정부의 부채액인 455조 4천억 원을 초과했다. 경제적 타당성을 거친 투자라고 하지만 대부분의 사업에서 사용료를 제대로 징수하지 못했기 때문에 생긴 부채다. 지금의 상태를 방치할 경우 부채는 사용자가 아닌 국민과 국민의 다음 세대들 모두가 부담해야 할 세금 폭탄으로 이어질 수밖에 없다.

전력이나 도로, 철도, 가스 등 민간자본의 역할로 대체가 가능함에도 불구하고 공공기관의 독과점 시장으로 묶어놓고 있는 것은 국민의 세금을 담보로 한 보편적 복지정책으로 볼 수밖에 없다. 공급과 투자 시장 중심의 정부와 공공기관의 역할로는 국민 세금 부담을 줄이기가 불가능하다. 국가재정을 포함한 공공재정의 여력이 더 이상 소진되기 전에 공급 물량 중심의 공공기관의 역할을 재정립해야 할 시기다. 정부와 공공기관의 역할 재정립의 기본 원칙은 국가 인프라를 보편적 복지 개념인 세금 부담 원칙으로 계속 갈 것인지, 아니면 민간자본과 역할에 의한 사용자 부담 원칙 개념을 일부 도입할 것인지를 명확히 해야 한다.

정부의 역할 대행기관으로서의 경험적 가치를 재구성하고 민간기업과 연합하여 '코리아 패키지(Korea Package)' 사업 모델을 다양하게 개발하여 건설 영토를 글로벌화하는 것도 공공기관의 내재적 가치를 넓힐 수 있는 방안이다. 프랑스 국제공항건설 컨설팅(ADPi), 네덜란드 인프라 컨설팅(NEDECO), 캐나다 원자력에너지공사(AECL) 등과 같이 사업시행 경험과 실적을 갖춘 공공기관이 주도하는 건설 상품 수출 패키지 모델도 채택 가능한 방식이다. 2009년 아부다비 원전에서 미국과 프랑스, 일본 등 선진국의 경쟁자를 넘어선 것도 한국을 대표하는 '한전'이라는 공기업 중심의 '코리아 패키지'를 만들었기에 가능했다는 평가다. 해외시장에서 민간기업과 경쟁하기보다 공공기관이 고유한 역할을 담당하게 함으로써 한국건설이 종합적인 역량을 해외건설 경제 영토에서 힘을 발휘하도록 하는 정책과 전략이 바람직하다. 다행히 최근 국토교통부 산하 몇몇 공공기관이 민간 업역을 벗어나 공공기관 고유 영역으로 해외시장 진출을 돕겠다는 발표는 고무적이다.

# 장벽을 넘어서면 한국건설의 희망이 보인다

한국건설이 과거 50년간 발전 및 성장을 해온 과정에서 얻은 가시적 성과품과 검증된 기술의 상품화 가치가 높음에도 불구하고 극복해야 할 장벽도 있다. 일방적인 성장 일변도인 시장이 존재하는 세상은 없다. 성장에는 어두운 면도 동시에 생성 및 노출되게 되어 있다. 한국건설이 지속가능한 성장세를 유지하기 위해서는 성장 과정에서 노출된 장벽을 극복해야만 한다. 장벽을 넘지 못할 경우 다른 많은 나라가 그랬듯이 건설경제도 후퇴할 수밖에 없다. 문제는 국민경제에서 차지하는 비중이 높은 만큼 국민들에게 고통을 전가시키는 정도가 높다는 것이다. 타 산업의 발전을 건설경제가 발목을 잡는 형태가 되어서는 안 된다는 의미다. 건설산업에 노출된 장벽은 건설산업 스스로 극복해야 한다는 점에서 이를 회피하면서 시간을 끌기보다 정면으로 돌파하는 의지와 전략이 필요하다.

### 4관(관습 · 관행 · 관존 · 관료) 혁신

한국건설은 국민경제 성장과정에 기여도가 높았다. 한국건설이 처음부터 현재와 같은 부정적인 이미지로 비쳐지지는 않았다. 건설산업 스스로의 자부심이라는 평가에도 불구하고 보편적인 국민의 시각에는 3불(不)(부정 · 부패 · 부실) 인식이 강하다. 국민에게 3불(不) 이미지를 심어준 것도 건설이고 이를 해결해야 하는 책임도 건설산업에 있다.

산업에 대한 부정적 이미지는 유능하고 젊은 인재의 유입을 기피하게 만들어 산업의 미래 가치를 훼손시킨다. 여력이 부족한 공공재정임에도 불구하고 최소액을 국가 인프라에 할당하려는 정부의 정책과 정치권의 판단을 흐리게 한다. 공공재정 부족을 민간자본으로 대체하려는 촉진 정책 수립에도 방해가 된다. 민간자본 자체도 3불(不)산업을 통해 부가가치를 얻으려는 위험은 감수하지 않을 게 뻔하다. 시장의 활성화 없이 산업이 성장하고 발전할 가능성은 극히 희박하다. 무엇보다 3불 이미지의 가장 큰 피해자는 한국건설 그 자체다. 스스로 패배주의 · 기피산업으로 변할 가능성이 크기 때문이다.

이미지 혁신 과제는 피해갈 수 없는 숙명적인 과제로 인식해야 한다. 당분간의 희생을 각오해서라도 장기적 발전을 위해서는 실효성 있는 과감한 조치가 필요하다. 선진국일수록 건설산업의 이미지 제고를 위해 다양한 활동이 있었음을 참고할 필요가 있다.

이렇게 부정적인 이미지에서 벗어나려면, 건설산업뿐만 아니라 우리나라 산업 전반에 자리 잡고 있는 고질적인 '4관(관습·관행·관존·관료)'의 장벽을 넘어서야 한다.

비정상적인 것을 마치 지금까지 관습(慣習)화되었기 때문에 정상화로 치부해버리고 방치하는 습관을 바로 잡아야 한다. 도면이나 시방서보다 자신의 경험과 눈높이에 기반을 둔 경험을 더 중시하는 관습이 아직도 많이 남아 있다. 국민들이 체감하는 건설에 대한 이미지는 의외로 일상생활로부터 얻는다. 마무리가 깔끔하지 못한 보도 블럭 마감공사, 마감이 매끄럽지 못한 콘크리트 벽면이나 기둥과 천장, 도로면 경사가 우수 처리를 못해 보행자에게 흙탕물을 튀기는 마감 처리 미숙 등이 건설에서는 관습으로 받아들일 수도 있겠지만, 국민에게는 받아들이기 힘든 부실공사로 보이는 것과 같다. 도면이나 시방서에 명시된 마감 처리를 당연시하는 한국건설의 노력이 절대적으로 필요하다. 당장 눈앞의 이익이나 손실을 줄이기 위해 공사시방서에 명시된 시공허용 오차를 자의적으로 해석해 적당하게 처리하는 관행을 고쳐야 한다. 최저가 수주를 탓하기 전에 제대로 된 설계·시공 원칙 준수가 우선이다. 부실공사를 하기 위해 저가 수주를 감내하는 기업은 없기 때문이다.

한국건설의 관행(慣行)에 대해서도 혁신해야 할 과제가 많다. 한국건설에 부정적인 이미지를 야기하는 대표적인 관행으로, '떡값 관행', '입찰 담합 관행', '계약 관행', '사례비 관행' 등이 있다.

누구나 비정상적인 관행이라고 생각하면서도 과거에 따른 전통적인 습관으로 정상적인 것으로 인식하려 한다. 일반 운전자들이 경미한 교통위반을 하다 적발될 시 '관행'이라 우기면서 교통경찰과 실랑이를 벌이는 것과 같은 것쯤으로 인식해서는 안 된다. 종종 사회문제가 되고 있는 입찰담합을 한국건설의 오래된 관행 탓으로 돌리려고 한다. 담합이 분명 범법 행위라는 점을 인정하면서도 관행을 이유로 선처를 호소하는 것으로 일관하는 것은 반드시 혁신되어야 한다. 잘못된 것은 경중을 떠나 비정상을 정상적인 관행으로 돌려놓아야 한다. 과거 관행을 이유로 사법부나 행정부에 선처를 호소하는 관행을 거듭해서는 한국건설의 미래 가치를 높일 가능성이나 기회를 더는 기대하기 어렵다.

한국건설에 만연되어 있는 또 다른 병폐 중 하나가 바로 관존(官尊)주의다. 특히 한국 건설산업의 경우 법과 제도가 너무 많고 또 이중·삼중으로 겹쳐 있어 관폐가 심하다. 한국은 법과 제도의 기본이 '법 만능주의'를 표방하는 '포지티브 시스템'이기 때문에 관폐가 더 심한 편이다. 산업이나 시장, 기술 발전보다 배급과 배분, 규제에 초점이 맞춰져 있다. 이 때문에 선진국에 비해 관폐가 더 심하다. 기술의 발전 속도에 비해 법과 제도의 발전 속도가 느린 것은 당연하다. 그런데 포지티브 시스템에서는 신기술·신공법·신재료를 적기에 도입하기 어렵다. 포지티브 시스템의 가장 큰 피해는 '관존사상'과 '전관(前官)예우', '갑을(甲乙)문화'가 지배하는 세상을 만들어낸다. 산업생산 활동보다 법과 제도가 앞서기 때문에 법과 제도에 익숙한 사람을 우대하는 것은 당연하다. '법 만능주의' 혜택을 지속 유지하기 위해서는 또 다른 법과 제도를 양산하는 폐해를 낳는 것 또한 당연한 결과다. 기술자나 전문가 우대보다 관료 출신자를 우대하는 것은 국내시장에서는 당연하게 받아들일 수 있다. 문제는 내수시장보다 글로벌 시장에서 경쟁해야 하는데 한국 건설산업의 미래를 위해서는 바람직하지 않다. 건설이 한국을 넘어 세계시장에서 경쟁하기 위해서는 반드시 극복해야 할 과제로 지적된다.

미래 가치를 높이기 위해서 한국건설이 극복해야 할 과제 중 또 하나로 '관료(官僚)주의'가 있다. 한국 사회에서 보편적으로 정부나 공공기관에 만연되어 있는 조직 문화를 관료주의로 인식한다. 정부나 공공조직의 관료주의 못지않게 산업체에서 나타나고 있는 관료주의도 해결해야 할 과제로 지목된다. 산업체의 관료주의는 성장과정에 나타나는 부작용으로 반드시 거쳐야 할 성장통의 하나다. 성장으로 조직이 비대화되는 것은 피할 수 없다. 조직이 비대화되면 기업가적 도전정신이나 경영보다 안전과 안정을 중시하는 느린 경영이 자리잡게 된다. 새로운 상품이나 기술, 시장에 대한 도전보다 경험한 것과 알고 있는 것을 더 선호하는 수동적 경영 패턴으로 변하게 된다. 위험(risk) 없는 산업과 시장이 없음에도 불구하고 위험을 기피하는 수단을 마치 경영의 제일의 미덕인 것처럼 착각하게 만든다. 조직의 발전이나 지속적인 성장보다는 개인의 보신주의가 지배한다. 권한을 즐기면서도 책임은 남에게 전가시킨다. 조직의 노후화는 산업의 노후화를 촉진시키게 된다. 관료주의는 조직이 비대할수록, 역사가 길수록 만연해질 가능성이 높다. 글로벌 시장에서 생존하고 성장하기 위해서는 관료주의식 경영으로는 절대 불가능하다. 조직 규모와 관계없이 반드시 넘어야 할 한국식 관료주의 장벽이다.

### 학문과 산업이 소통할수록 생명력도 자란다

학문은 과학과 기술의 징검다리 역할을 하는 산업 인프라의 산실이다. 과학(science)의 역할은 다양한 생산품(output)을 만들어낼 원료(input)를 생산해내는 데 있다. 기술(technology) 혹은 공학(engineering)은 원료(input)를 활용하여 다양한 상품을 생산하는 결과물(output) 중심이다. 입력을 생산하는 전문가들이 모인 집단이 과학자 그룹이며 그룹을 수용하는 기관이 연구기관이다. 기술과 공학지식을 활용하여 과학에서 생산한 입력 자료를 활용하여 다양한 상품을 개발하여 시장을 만들어가는 역할이 기업이며, 기업의 중심은 공학자 혹은 기술자들이다. 성격이 다른 개인들의 집단은 자연스럽게 과학계와 산업계로 양분된다. 동일한 집단에서 과학과 공학, 기술 역할을 동시에 할 수 있는 체계를 갖춘 곳이 바로 학문 혹은 학교 집단이다.

과학계가 학계와 밀접한 관계가 있는 것처럼 산업계와 학계도 밀접할수록 학문의 가치는 높아진다. 한국건설 관련 학문과 공학을 상품화시키는 산업계 사이에 벽이 너무 높다. 학교에서 배운 지식(engineering)을 바로 생산기술(technology)로 연결하지 못하고 있다. 학계와 산업계 사이의 거리가 너무 멀다. 산업계는 학교에서 배출한 인재를 곧 바로 생산라인에 투입할 수 없다는 불만이다. 산업계에서 필요로 하는 지식을 학교에서 공급하지 못한다는 불만이 높다. 이에 반해 학계에서는 산업계가 필요한 전문 인력에 대한 정확한 명세서를 밝히지 않는다고 주장한다. 밀접해야 할 학계와 산업계가 책임 전가에만 몰두해서는 미래에 필요한 전문가를 양성하는 것은 불가능하다. 산업계와 학계를 통합할 수 있는 방법을 찾아야 한다. 인적 교류를 상설화하고 재학중 산업계 인턴 과정을 학점과 연계하는 방안도 하나의 대안이다. 산업계와 학계가 인적 교류를 아예 상설화하는 것도 좋은 방법이다.

과학과 학문, 산업 역할을 선순환 구조로 변화해가야 한다. 과학계에서 생산된 입력결과물(R&D 성과물)을 활용하는 기술디자인(학문과 공학)의 가치를 높여 상품화시키는 산업계의 역할도 선순환 구조로 바꿔야 한다. 끊임없는 기술혁신이 필요한 체계로 가야 글로벌 시장에서 한국건설의 경제 영토를 무한대로 확장해갈 수 있다.

## 인재 경영의 핵심은 인력의 자원화

인재의 중요성은 누구나 강조하지만 건설산업의 경우 인재가 좌우하는 승패가 타 산업과 비교할 수 없을 정도로 비중이 높다. 그럼에도 한국 건설산업에서 인재 경영이란 단어가 어색할 정도로 빈약하다. 인재를 양성하기보다 인력을 도구로 폄하하는 경우가 흔하다. 인재에게서 기술력을 요구하기보다 영업력을 요구하는 관행이 너무 당연시되기 때문이다. 건설이 수주산업이라는 인식으로 발주자 수준에 맞춘다. 대부분의 공공발주기관들이 새로운 기술을 요구하기보다 관습적으로 해온 경험에 의존하는 경향이 높기 때문에 기술혁신보다는 과거 기술의 답습을 선호한다. 새로운 기술 도입의 장애는 물론 기술의 첨단화에도 걸림돌이 되고 있다.

새로운 기술보다는 범용 기술, 창의력보다는 경험적 가치를 더 중시하기 때문에 기술자 혹은 전문가의 전문지식이나 경험, 역량보다 경력과 학력, 자격증 등 객관적으로 제3자 증명이 가능한 등급이나 스펙을 더 중시한다. 기술력의 차등화보다 등급의 차등화로 기술자를 평가하는 방식은 결과적으로 입·낙찰에서 높은 점수를 받을 수 있는 제3자 인증 경력이나 자격증명서만을 인정하는 문화가 지배한다. 자연스럽게 입·낙찰 평가에서 만점자 배출이 당연시되고 기술력보다 영업력이 더 큰 힘을 발휘하게 된다. 문제는 이런 영업력이 한국 영토를 벗어나면 아무런 쓸모가 없다는 점이다. 기술 서비스를 공급하는 개인이 자신의 역량 평가권을 가진 나라는 외국에서는 좀처럼 찾아보기 어렵다. 자격과 학력, 경력만으로 만점자를 양산하는 한국건설의 기술자 역량 평가체계는 반드시 개선되어야 할 과제다.

한국의 건설기술 수준이 현재와 같은 평가방식에서 벗어나지 않으면 글로벌 시장에서 물량을 소화시킬 인재 부족으로 스스로 경쟁력을 저하시키는 자기모순에 빠지게 될 것이다. 현재도 국내는 '인력 공급 과잉', 해외시장은 '극심한 인재 부족'이라는 극단적인 수급 불균형 상태에 있는 것도 인력을 활용하는 구조를 혁신해야 할 충분한 이유가 된다. 선진기업일수록 인력구조 조정이 한국과는 정반대로 경험이 적을수록, 해당 기업과 경력이 적을수록 우선 정리 대상이 된다. 한국업체들의 나이순과는 너무나 큰 차이가 있다. '인재=기술력'이라는 개념을 재인식하지 않으면 한국건설의 미래 경쟁력은 기대하기 어렵다.

# 한국건설, 이제 가치를 말해야 한다

한국건설이 성장과 발전을 지속하기 위해서는 현황을 정확하게 파악하고 있어야 한다. 현황 파악은 당연히 밝혀내고 해결해야 할 과제가 도출된다. 현안이 발생하게 된 원인을 알면 문제는 의외로 쉽게 해결할 수 있다. 원인 파악 없는 해결책은 또 다른 규제 혹은 이벤트로 그칠 수 있다.

한국건설의 가치 방치로 인해 국가와 국민경제가 입을 손실이 너무 크다. 그만큼 한국건설에 내재된 가치가 높고 비중 또한 크다는 의미다. 한국건설이 발전해온 경험과 지식의 재구성은 남한은 물론 통일 한반도의 국토재구성이라는 또 다른 성장 여력을 가능하게 만들 만큼 충분한 잠재력을 가지고 있다. 한국건설이 현재까지 해외시장을 통해 달성한 인지도는 전 세계 국내총생산액(GDP)의 10%라는 무한대 시장에서 승부를 걸 수 있을 만큼 상품성도 높다.

한국건설의 내재적 가치를 글로벌 시장에서 무한대인 상품시장과 연결하여 지속가능한 성장세를 유지하기 위해서는 내수시장에서 물량 공급과 배급, 정부와 공공주도에서 벗어나 정책과 법·제도를 신속하게 세계 시장과 호환성을 갖추도록 해야 한다. 전 세계 시장의 2% 미만인 국내시장보다 98% 시장에서 경쟁해야 하는 이유는 충분하다. 또한 공공재정 여력 소진을 대체하기 위해서는 민간자본 유입 촉진을 통한 민간시장 활성화 정책과 제도를 강화해야 한다. 따라서 현재까지 공공재정에 의한 정부와 공공기관의 주도적인 역할에 관해 재검토하고, 민간업체와의 역할 재분담을 논의해야 할 시점에 와 있다. 건설이라는 울타리에서 벗어나 국민경제의 한 축으로서 새로운 역할을 해야 할 시기다.

한국건설의 내재적 가치를 인식하고 상품과 시장을 재창조하기 위해서는 극복해야 할 과제도 많다. 건설산업에 대한 국민감정을 긍정적으로 전환시킬 이유는 충분하다. 무관심으로 방치된 4관(관습·관행·관존·관료)을 한국건설의 병폐로 인식하여 반드시 극복해야 한다. 걸림돌 제거 없이는 미래의 장벽은 절대 무너지지 않는다. 학계와 산업계가 이원화된 구조 혁파와 인재 경영의 한 단계 도약 없이는 세계 시장에서 경쟁하기 어렵다. 인재 경영의 핵심은 기술력을 중시하는 인력 활용 구조 혁신이 절대적으로 필요하다. 우수한 신입사원 확보에는 올인하면서도 정작 해외시장에서 선진기업들과 경쟁해야 할 경험자들의 지식 역량에는 관심을 두지 않는 인재 경영도 반드시 혁신되어야 할 과제에 포함시켜야 한다.

# 한국건설의 미래는 어떤 모습이어야 하는가?

## 한국건설, 이제는 과거와 단절할 때

시간을 돌려놓을 수 있는 사람은 없다. 한국건설의 화려했던 과거를 오늘과 내일로 되돌릴 수 없는 것과 같다. 세상은 변했다. 과거 환경이 재현될 수 있는 가능성은 제로다. 과거 경험을 현재와 미래로 연결하기가 불가능하다. 찰스 다윈의 진화론의 핵심도 변했다. '강한 자가 살아남는다'에서 '살아남는 자가 강한 자다'로 변했다. 한국건설이 도전해야 할 미래 세상은 우리가 알고 있는 세상이 아니라는 사실만은 확실하다. 한국건설이 생존하고 성장하기 위해서는 변화하는 세상과 소통하고 적응하는 것 외에 다른 길이 없다. 과거와의 단절이 필요하다. 과거를 부정하라는 뜻이 아니다. 다만 현재와 미래는 과거를 답습할 수 있는 환경이 아니라는 사실을 분명히 인식해야 한다는 의미다. 과거의 화려함은 과거로 남겨놓아야 한다는 뜻이다.

### 한국건설, 이제는 체력을 키워야 할 때

한국이 자랑하는 글로벌 챔피언 산업으로 조선, IT기기, 자동차 등을 지목한다. 세계가 한국건설을 보는 시각은 우리보다 더 긍정적이다. 세계인이 보는 한국건설의 검증된 기술과 지식, 살아 있는 실적 등은 세계 어느 국가건설도 가지지 못한 잠재력이다. 한국건설에 내재된 가치는 무한대인 세계 시장에서 무한대의 상품화를 끌어낼 수 있다. 한국건설에 내재된 가치를 글로벌 상품가치로 실현시키기 위해서는 극복해야 할 장벽을 걷어내야 한다. 동시에 잠재된 약점도 보완해야 한다. 한국건설의 체격은 이미 세계 시장을 주도할 수 있는 리더 그룹에 속할 만큼 커졌다. 다만 커진 체격을 자유롭게 움직일 수 있는 체력이 아직은 미완성 단계다. 체력보다 체격을 우선시할 수밖에 없었던 것은 성장 일변도로 일관해온 정부 정책과 산업의 경영 전략도 한몫을 했기 때문임을 부인할 수 없다.

### 한국건설, 이제는 미래를 만들어가야 할 때

한국건설에 내재된 가치는 과거의 화려함을 훨씬 뛰어넘는 미래를 만들 수 있을만큼 큰 상품성을 가지고 있다. 다만 타 산업이나 국가가 한국건설의 미래 가치를 만들어내거나 주도하지는 않는다. 시간이 지나면 저절로 만들어지는 것도 아니다. 한국건설 스스로 미래를 창조해가야 할 뿐이다. 20세기 말 최고의 경영학자로 평가받았던 피터 드러커(Peter F. Drucker) 교수의 말처럼 미래를 미래에 맡기기보다 미래를 만들어가는 게 정답이다. 한국건설도 미래를 위해 거대한 비전과 목표, 목표 달성을 위한 전략을 수립해가야 한다. 한국경제의 규모와 위상은 더는 한반도 안에서만 생존하고 성장할 수 없을 만큼 커졌다. 과거에 걸어왔던 패턴 유지가 불가능하다. 모든 걸 대한민국만의 힘(all Korea)만으로 하기보다 선택적 접근(core Korea) 방식으로 전환해야 한다. 설계와 시공 등 건설의 모든 생산 활동을 일괄 생산하는 수직통합(vertical integration)에서 역할 분담과 협력(vertical collaboration)하는 전략으로 가야 한다. 사업구상에서부터 완성품 운영까지를 일괄체계(horizontal integration)로 가기보다 세계인과 정부, 기업 등과 협력하는 전혀 새로운 사업 방식인 수평적 역할 분담(horizontal collaboration)체계 구축이 필요하다. 홀로 가기보다 글로벌 시장을 미래 동반자로 삼아야 하는 이유다.

## 목표는 거대하게, 미래는 밝게 설계

한국건설에 내재된 가치와 세계인이 인정하는 한국건설의 힘은 국민경제를 대표하는 글로벌 챔피언 산업으로 올라설 수 있다. 건설은 국민 생활경제의 아바타와 같다. 건설이 가진 속성이 국가를 대표할 수는 있어도 정부의 특정 부처 단독으로 미래 청사진을 그려갈 수는 없다. 한국건설의 비전과 목표는 정권에 따라 변화해왔다. 정부가 들어설 때마다 특정 소관부처가 중심이 되어 건설 정책이 수립되어왔기 때문에 포괄성과 연속성이 없었다. 정부 부처나 건설산업만을 위한 비전과 목표 설계는 지속성과 포괄성을 보장받을 수 없다. 건설만의 울타리에서 벗어나 국민과 건설산업이 공유하고 공감하는 거대한 비전과 목표 수립이 필요하다. 국가는 건설을 포기할 수 없다는 사실을 감안해야 한다. 따라서 한국건설의 미래는 국민에게 희망을 줄 수 있도록 밝게 설계되어야 한다. 거대한 비전과 목표, 그리고 밝은 미래를 현실화하는 데 시간과 노력, 그리고 투자가 필요하다. 그럼에도 이 길을 선택할 수밖에 없는 이유는 충분하다. 한국건설을 방치함으로써 국민의 생명과 재산이 입을 피해가 밝은 미래 설계보다 훨씬 크기 때문이다.

### 한국건설, 이제 머뭇거릴 시간이 없다

한국경제가 압축성장을 하는 시기에는 소수의 강력한 카리스마가 힘을 발휘할 수 있었다. 배고픈 가난에서 탈출하는 것이 국민 모두가 공감하는 단일의 목표가 있었기 때문에 가능했던 환경이다. 개인 소득 2만 6천 달러를 넘어선 국민의 눈높이는 이제 더 이상 소수의 카리스마가 주도하는 리더십을 허용하지 않는다. 집단 지성을 이끌어낼 수 있는 강력한 리더 그룹을 한국건설이 필요로 하고 있다. 한국건설호가 가야 할 미래 방향을 제시해줄 수 있고 걸어가는 방법론을 앞에서 제시해줄 수 있는 리더 그룹이 더 힘을 발휘할 수 있는 게 한국건설의 현재 모습이다.

한국건설은 아직도 배가 고프다. 빠르게 변하는 세상에서 머뭇거리거나 때가 오길 기다리는 것은 퇴보를 의미한다. 퇴보에서 제자리로 돌아오는 데는 더 많은 시간과 노력이 소요된다. 한국건설의 현재를 방치하는 것은 운동장은 있지만 뛸 선수를 찾지 못하는 것과 다를 바 없다. 일감이 있음에도 불구하고 일자리를 만들어내지 못하고, 투자될 돈이 있음에도 국민경제와 멀어지는 것과 같다. 한국건설의 밝은 미래를 위해서는 국가 차원의 그랜드 플랜(grand plan)을 먼저 그려야 한다. 밝혀진 문제점만을 해결하는 소극적인 접근은 단지 수명 연장만을 위한 링거액 주사 효과일 뿐이다. 최고의 건강은 건강할 때 건강을 지키고 근육을 강화할 때 얻어지는 것이다. 근육 강화는 일회성 이벤트 운동으로 절대 얻어지지 않는다. 한국건설의 밝은 미래를 만들어가기 위해서는 일관성과 강력한 리더십이 절실하게 필요하다. 머뭇거린다는 것은 쓰러져가고 있는 한국건설을 방치하는 것과 다를 바 없다.

# 참고 자료


강광하(2000), 『경제개발 5개년 계획: 목표와 집행의 평가』, 서울대학교출판부.

국토교통부(2012), 『자동차 · 도로교통 분야 지능형 교통체계(ITS) 계획 2020』.

김헌동 · 선대인(2005), 『대한민국은 부동산 공화국이다?』, 궁리.

이덕수 · 이형우 · 이홍일(2007), 『통계로 보는 한국건설 60년』, 한국건설산업연구원.

한국건설산업연구원(2007), 『한국건설산업의 성공키워드 CM/PM』, 보성각.

한국은행(2014), 『2014년 국민계정』.

조선일보, http://news.chosun.com/site/data/html_dir/2008/03/05.

National Institute of Standards and Technology(1995), "National Planning for Construction and Building R&D," NISTIR 5759.

Richard Florida(2010), *Great Reset*, HarperBusiness (김민주 · 송희영 옮김, 2011, 『제3차 세계 리셋』, 비즈니스맵)

Thomas Friedman and Michael Mandelbaum(2011), *That Used to be US*, Farrar Straus Giroux (강정임 · 이은경 옮김, 2011, 『미국 쇠망론』, 21세기북스)

Typer Cowen(2011), *The Great Stagnation*, Dutton Books (송경헌 옮김, 2012, 『거대한 침체』, 한빛비즈)

국토교통부: http://www.molit.go.kr

통계청: www.kostat.go.kr

한국은행경제통계시스템: http://ecos.bok.or.kr

해외건설협회: http://kor.icak.or.kr

www.heritage.org

**발간사**

# 한 권의 책이<br>한국건설의 미래를 바꿀 수 있다

지난 50년간 한국 경제는 470배 이상 성장했습니다. 제2차 세계대전 이후 세계 최초로 '20-50' 클럽에 가입한 유일한 국가가 됐습니다. 원조 받는 국가에서 원조하는 국가로 한국 경제가 기적을 창조했습니다. 경제성장 기적을 가능하게 한 일등 공신은 한국건설이었습니다. 산업단지와 공장을 건설했고, 항만과 도로, 공항도 건설했습니다. 국민의 주거와 생활문화를 바꾼 것도 건설의 힘이었습니다.

우리는 하루 24시간 중 19시간을 실내 공간에서 보냅니다. 나머지 5시간은 바깥 활동에 시간을 보냅니다. 하루 생활 중 단 1분도 건설이 공급한 건설 상품과 떨어져 생활할 수 없습니다. 한국 경제에서 건설이 차지하는 비중은 외국과 비교 불가능할 정도로 특별한 의미가 있습니다. 한국건설에 내재된 특별한 가치에도 불구하고 국민에게는 장점보다 단점이 부각되어 있습니다.

경제성장 공헌도에 도취된 한국건설이 현재는 희망을 찾기보다 절망이라는 늪에 빠져 있습니다. 미래 도전보다 포기하는 분위기가 지배합니다. 한국건설은 나라 안으로는 부정적으로 평가받지만 세계인의 눈에는 최강국 중 하나로 비칩니다. 한국건설이 도전 가능한 시장은 무한대입니다. 통일한반도 국토 인프라 구축이라는 세계 최대 시장이 대기하고 있습니다. 한국건설이 도전 가능한 2030년 세계 시장은 연간 20조 달러입니다. 미래 시장은 있지만 기다려주지 않습니다. 미래에 한국건설이 만들어가야 할 도전 시장입니다.

이제 한국건설의 가치를 제대로 이야기할 때가 됐습니다. 내재된 가치를 무한대 시장에서 상품화해 국민경제 성장을 견인해야 할 책임이 있습니다. 한국건설은 세계 시장에 청년들이 도전할 수 있는 기회를 만들어낼 책임도 있습니다. 한국건설의 가치를 일깨우기 위해 이 총서를 발간하고자 하는 일에 예상 외로 지원을 하시는 분들이 많았습니다. 국내는 물론 해외시장에서 30년 이상 건설과 함께 생활하신 분들의 다양한 의견은 물론 사실 확인, 그리고 현장 사진과 건설이 자랑할 수 있는 문화 유적지 사진도 다수를 보내주셨습니다. 한국건설의 가치를 건설인은 물론 일반 국민에게도 제대로 알려야 한다고 안타까워하신 모든 분들께도 감사의 말씀을 드립니다.

한 권의 책이 세상을 바꿀 수도 있습니다. 이런 염원을 담아

캄캄한 터널 속에 갇힌 한국건설에게 새로운 꿈과 희망, 미래를 만들어가는 도전정신을 일깨우고자 이 총서를 발간합니다. 건설인만이 이해할 수 있는 용어는 가능한 피했습니다. 비록 작은 책이지만 여운은 길게 남도록 내용을 담았습니다. 서울대학교 건설환경종합연구소는 한국건설의 가치를 세계 시장에서 상품화시키기 위해 앞으로도 지속적으로 연구총서를 발간할 계획입니다.

2015년 2월

서울대학교 건설환경종합연구소 소장